# LES EAUX-BONNES

## — BASSES-PYRÉNÉES —

## TRAVAUX DU MÊME AUTEUR

PHYSIOLOGIE PATHOLOGIQUE DE LA CYANOSE. Thèse. Florence, 1846.

DE L'ENSEIGNEMENT MÉDICAL EN TOSCANE ET EN FRANCE. 2ᵉ édition. Paris, 1859.

INFLUENCE DES PAYS CHAUDS SUR LA MARCHE DE LA TUBER-CULISATION. Paris, 1857.

MAZAS. Études sur l'emprisonnement cellulaire, et la folie pénitentiaire. 5ᵉ édition. Paris, 1858.

DE LA NON-EXISTENCE DE LA COLIQUE DE CUIVRE. Paris, 1858. (*Annales d'hygiène*, 2ᵉ série. tome IX.)

EXISTE-T-IL UNE AFFECTION PROPRE AUX OUVRIERS EN PAPIERS PEINTS, qui manient le vert de Schweinfurst? Paris, 1858. (*Annales d'hygiène*, 2ᵉ série, tome X.)

DE LA MÉDICATION LACTO-CHLORURÉE DANS LES AFFECTIONS DE POITRINE. Paris, 1860. (*Union médicale.*)

LETTRES AFRICAINES (I à XII). Paris, 1859-1860. (*Union médicale.*)

DU CLIMAT D'ALGER dans les affections chroniques de la poitrine. Rapport fait à la suite d'une mission médicale en Algérie, et présenté à S. E. le ministre de l'Algérie et des colonies. 2ᵉ édition. Paris, 1860. In-8, VIII - 128 pages. (*Annales d'hygiène.*)

CHEMINS DE FER ET SANTÉ PUBLIQUE. Hygiène des voyageurs et des employés. Paris, 1861. In-18 jésus, 514 pages.

LA PULVÉRISATION AUX EAUX-BONNES, (état de la question). Lettre à M. le docteur Rayer, président du Comité d'hygiène publique. Paris, 1862. In-12 de 60 pages.

PARIS. — IMP. SIMON RAÇON ET COMP., RUE D'ERFURTH, 1.

# LES
# EAUX-BONNES

— BASSES-PYRÉNÉES —

### VOYAGE. — TOPOGRAPHIE. — CLIMATOLOGIE
### HYGIÈNE DES VALÉTUDINAIRES. — VALEUR THÉRAPEUTIQUE DES EAUX
### PROMENADES. — RENSEIGNEMENTS

PAR LE DOCTEUR

## Prosper DE PIETRA SANTA

MÉDECIN (PAR QUARTIER) DE S. M. L'EMPEREUR
MÉDECIN CONSULTANT AUX EAUX-BONNES

**AVEC DEUX CARTES**

---

# PARIS

## J. B. BAILLIÈRE et FILS

LIBRAIRES DE L'ACADÉMIE IMPÉRIALE DE MÉDECINE

Rue Hautefeuille, 19

LONDRES, HIPPOLYTE BAILLIÈRE, 219, Regent-Street ; — NEW-YORK, BAILLIÈRE BROTHERS, 440, Broadway ;
MADRID, BAILLY-BAILLIÈRE, 46, plaza del Principe-Alfonso

A PAU et aux EAUX-BONNES chez A. BASSY, libraire

1862

# INTRODUCTION

Si la première pensée du voyageur en quittant le foyer domestique, le porte à se faire une idée générale du pays où il compte guider ses pas, le premier besoin du valétudinaire qui se dirige vers une station thermale, le conduit à connaître les détails les plus circonstanciés sur la localité à laquelle vont le rattacher des sentiments d'espoir et de reconnaissance.

Ces notions, consignées dans des Guides, des Itinéraires, ou répandues à profusion dans des Brochures et des Tableaux descriptifs, présentent souvent le double inconvénient :

De ne pas assez préciser la valeur thérapeutique de la source minérale.

D'en exalter outre mesure l'action, en la faisant intervenir dans toutes les infirmités possibles.

A la suite de notre mission en Algérie, à l'effet d'en étudier la climatologie dans ses applications à une maladie, hélas! trop implacable[1], nous avons passé plusieurs années aux Eaux-Bonnes. Là nous avons été à même de recueillir d'importantes observations, et de continuer nos études sur la phthisie et les maladies des organes respiratoires.

Frappé de la richesse des matériaux publiés sur ces Eaux, il nous a semblé qu'il y avait opportunité à en coordonner les éléments. Nous nous sommes mis à l'œuvre, avec cette ardeur que l'homme re-

---

[1] *Du climat d'Alger dans les affections chroniques de la poitrine.* Rapport fait à la suite d'une mission médicale en Algérie, et présenté à Son Excellence le ministre de l'Algérie et des colonies, 2ᵉ édition. Paris, 1860, in-8°.

trouve dans des questions qui font depuis de longues années l'objet de ses études de prédilection.

Curieux par habitude et par nécessité de position, nous avons voulu connaître *de visu* tout ce
qui, de près ou de loin, se rattachait à nos investigations.

Nous savons par expérience, qu'il n'y a pas de
détails minutieux pour un malade : il veut tout
connaître, il a malheureusement le temps de tout
demander, et ce sentiment de curiosité se rattache
trop intimement au sentiment de conservation,
pour ne pas avoir droit à toute notre déférence.

Une fois que notre récolte d'idées, de faits et d'observations a été complète, en raison même de la
peine que nous nous étions donnée pour l'acquérir,
nous nous sommes demandé si nous ne ferions pas
une chose utile en classant ces matériaux, en les
consignant dans un exposé clair et précis !

Quelques amis bienveillants sont intervenus pour
nous encourager dans cette pensée de vulgarisation
scientifique.

Tout en reconnaissant les difficultés du travail, ils nous en ont démontré l'utilité ; dès lors nous avons laissé de côté toute hésitation.

Nous avons dû concentrer en un petit volume les notions pratiques, médicales et hygiéniques éparses dans une innombrable série de publications. Il fallait intéresser, tout à la fois, le malade et le médecin : l'homme du monde et l'homme de science.

Donner au premier les conseils les plus opportuns pour diriger sa conduite et sa manière d'être.

Permettre au second de juger, par lui-même, des indications et de la valeur thérapeutique des Eaux.

Cette tentative est trop ardue, pour ne pas nous imposer l'obligation de réclamer tout d'abord l'indulgence du bienveillant lecteur.

Du reste, nous conviendrons volontiers des conditions favorables d'indépendance morale qui président à notre travail.

Animé de la conviction la plus entière, libre de nos pensées, nous pouvons, dans la limite des pré-

visions humaines, laisser dans l'ombre les préoccupations du présent, et celles plus impérieuses
encore de l'avenir.

Aussi, après avoir adopté avec empressement le
programme de l'administrateur intelligent et zélé
du département : « *Faire des Eaux-Bonnes l'un des
séjours les plus agréables et les plus utiles des Pyrénées,* » nous énoncerons librement les réformes à
réaliser, les créations à introduire. Les paroles de
critique ou de blâme ont toujours formé le cortége
du Progrès qui se vivifie par le culte de la Vérité !

Paris, 12 mars 1862.

# PREMIÈRE PARTIE

## VOYAGE

# CHAPITRE PREMIER

## LA VALLÉE D'OSSAU

Avant d'entreprendre la tâche que nous venons de nous imposer, il nous paraît intéressant de faire connaître à grands traits cette magnifique vallée d'Ossau où sont situées les Eaux-Bonnes.

Son histoire est aussi obscure dans les temps antérieurs au christianisme que pendant les premiers siècles de l'ère chrétienne. A peine retrouve-t-on les traces des Ibères et des Cantabres, ces vieilles races implantées dès la plus haute antiquité sur le sol du midi de la Gaule.

Les mosaïques découvertes à Bielle en 1842 prouvent jusqu'à l'évidence le passage des Romains et leur séjour dans la contrée ; ces souvenirs immortels de leur domination, ces pages écrites sur le marbre et la pierre devaient défier les révolutions et arriver jusqu'à nous, malgré les efforts de la race conquise pour amonceler ruines sur ruines.

Le Bas-Empire voit les Cantabres secouer le joug des Romains, se former en État indépendant, et placer à leur tête un chef héréditaire avec le titre de vicomte, résidant à Castet-Gélos.

Au commencement du douzième siècle, l'État est incorporé dans le Béarn, et depuis lors la vallée suit les destinées plus ou moins glorieuses de cette cour chevaleresque.

Ses armoiries portent un ours et un taureau dans l'attitude du combat et séparés par un hêtre avec cette légende : *Ossau et Béarn, vive la vacca !*

Est-ce l'emblème de l'agriculture, transformant peu à peu les lieux incultes et détruisant les animaux carnassiers qui peuplaient les montagnes ; ou n'est-ce pas plutôt une allusion aux combats que les ours et les taureaux se livraient dans les pâturages des hauts plateaux ?

Quant à ces populations paisibles d'aujourd'hui, les anciens chroniqueurs nous les représentent comme étant jadis un peuple avide, remuant, se précipitant sur

les bourgades voisines, faisant des excursions auda-
cieuses et dévastatrices jusque dans les villes de Pau,
de Lescar, de Morlaas, ravageant tout et remportant au
foyer domestique le produit de ses incessantes rapines.

Ces dispositions à piller et à rançonner les gens devaient nécessairement les transformer en puissance re-
doutable et redoutée.

Olhagaray, l'historien des comtes de Foix, en rapportant les différends des Ossalais pour la possession de
la lande immense de Pont-Long (qui s'étend du gave
du Béarn aux portes de Dax) avec Henri II, dit :

« Que ces montagnards superbes ne savaient endurer
dans la prunelle de leur liberté aucune atteinte, si petite
qu'elle fût, poussée même de la main du roi, ce qui est
considérable. »

Une bulle du pape Jean au treizième siècle, ordon-
nant une trêve à ces sanglantes querelles, prouve aussi
la vérité de cette autre assertion :

« Quand ces terribles montagnards descendaient
dans la plaine, enseignes déployées, ils ne se retiraient
qu'en laissant partout sur leurs pas le sang, les ruines
et la désolation. »

Voici comment un membre du syndicat du haut Ossau,
décrit le type original et bien tranché de ses compa-
triotes, que caractère, mœurs, institutions, priviléges,
tout enfin distinguaient de leurs voisins.

« Inquiet, turbulent, ennemi de la moindre contrainte, poussant jusqu'à la méfiance le soin de ses propres intérêts, brave jusqu'à la témérité, pauvre, mais fier et toujours plus fier que pauvre, sachant par intérêt courber la tête, mais pour la relever aussitôt plus haute et plus altière, tel à grands traits, son histoire le dépeint. »

« Tel il est encore au dix-neuvième siècle, avec moins de feu et plus de poli. »

Au dire d'un juge bien compétent, M. Moreau, le Béarnais d'aujourd'hui, pur sang, demi-sang et citadin devenu montagnard, aime beaucoup l'argent et surtout l'argent étranger au pays.

Du reste, très-poli, obséquieux même, il ne conserve plus de traces de l'esprit aventureux, turbulent et guerrier de ses aïeux. Sa vie agricole et pastorale lui inspire des mœurs douces, pacifiques et pures.

« Il y a dans leur physionomie souriante, dans l'aménité de leur accent, dans la politesse de leurs manières, quelque chose qui plaît et attire, et qui révèle la paix, la candeur, la sérénité de leur âme. » (Abbé Guilhou.)

Ceux qui contestent cette excessive bonhomie trouveront ce portrait un peu flatté ; s'il nous était permis de hasarder une opinion personnelle, nous ferions observer que rien ici ne tranche trop fortement avec les mœurs des autres parties de la France. L'Ossalais ne

vaut ni plus ni moins que le Breton, que l'Alsacien, que
le Provençal ; il y a chez lui comme chez les autres des
vices et des vertus; et l'on peut citer autant de traits
d'avidité et d'égoïsme, que de preuves d'honnêteté et de
désintéressement.

Toute la vallée compte aujourd'hui dix-sept à dix-
huit mille habitants.

Fidèles aux instructions de leur enfance, les Ossalais
portent profondément gravé dans leur cœur le sentiment religieux, qui se manifeste par une vénération particulière pour la Vierge Marie.

Il y a lieu de penser que le druidisme, ce premier
progrès sur les religions primitives de la Gaule, avait
pénétré dans les montagnes des Pyrénées ; l'aspect de
l'énorme bloc de granit, posé horizontalement sur
sept pierres verticales, que l'on aperçoit à Buzy, rappelle
les *dolmens*, ces monuments druidiques que l'on trouve
en Bretagne, et qui ont si bien résisté à l'action dissol-
vante du temps !

Au seizième siècle, sous l'influente et active protection de la cour béarnaise, la Réforme avait fait des progrès si rapides que toute la contrée était devenue pro-
testante, mais l'édit de Louis XIII et ses manifestations
personnelles, renversèrent à tout jamais les nouvelles
doctrines.

Le culte pour ceux qui ne sont plus, a été toujours religieusement observé. Lors des enterrements, des chants funèbres accompagnent les morts à leur demeure dernière, des éloges sont psalmodiés en leur honneur sur un ton lugubre et des pleureuses attitrées improvisent en prose rimée le panégyrique du défunt.

La plupart des habitants ont appris dans des écoles dirigées par leurs pasteurs la lecture et l'écriture, mais leur instruction se borne le plus souvent à ces principes élémentaires.

De temps immémorial, l'état agricole et pastoral a été en honneur dans la vallée.

Les plaines, les coteaux des vallons qui s'y rattachent, et les basses pentes des montagnes sont admirablement cultivés, et la main de l'homme transforme en champs ou en prairies les moindres lambeaux de makis qui se présentent à ses yeux. Chaque famille possède son coin de terre, malheureusement cette extrême division de la propriété s'oppose au développement de la grande culture. Un petit champ, une exploitation minime ne se prêtent pas aux améliorations progressives, et l'on retourne insensiblement aux usages traditionnels de l'état de nature. Du moment où le champ suffit à la subsistance de la famille, vous n'avez pas le droit d'exiger davantage.

Les troupeaux forment sans contredit la principale richesse du pays ; dès le printemps commence l'émigration aux hautes montagnes; chaque commune possédant de vastes terrains couverts de bois et de pâturages, les bergers du village campent dans des prairies distinctes. Leurs cabanes se dressent humblement sur les *plats* verdoyants des plateaux aux splendides pelouses, aux ruisseaux murmurants.

Il e iste en outre des montagnes, propriété de toute la vallée et dont l'administration est confiée à un syndicat spécial. C'est là que s'opère l'exploitation des bois par le schlittage, pour lequel sont établis ces pittoresques et fantastiques escaliers que l'on aperçoit sur la route de Gabas, et le long desquels des hommes aguerris descendent des sapins et des hêtres d'une longueur énorme!

Pendant que les hommes passent sur les hauteurs une partie de l'année, bravant le froid et la neige, l'orage et l'avalanche, pour veiller sur les troupeaux et convertir le lait des brebis en fromage, les femmes du hameau se consacrent aux rudes labeurs du ménage et aux travaux de l'agriculture.

Disons quelques mots des costumes, des chants et des jeux de la vallée.

Le costume national est d'autant plus pittoresque que la couleur rouge en forme la nuance de prédilection. Pour les hommes :

Berret brun, rouge ou bleu, couvrant une tête aux

1.

cheveux courts sur le devant et flottants sur le derrière.

Veste ronde de couleur rouge écarlate, laissant à découvert sur la poitrine un gilet de molleton blanc à larges revers ; chemise blanche plissée et serrée au col par trois petits boutons rapprochés sur la même ligne, ornée d'une épingle à verroteries pendantes.

Culotte courte en étoffe brune, ou en velours noir avec poches à revers garnis de galons dorés ; retenue autour des reins par une ceinture rouge à franges flottantes, elle est attachée au-dessous du genou par des jarretières à glands.

Bas de laine blanche descendant, en forme de guêtres, sur les souliers de cuir, les sandales en fil, ou les sabots à pointe recourbée.

Les femmes portent sur la tête un petit capulet de drap rouge, qui encadre leur visage d'une manière très-gracieuse.

Les cheveux pendent en longues tresses sur les épaules :

, Corsage noir ou brun à manches courtes, orné sur le devant de bandes de velours cramoisi.

Autour du col un fichu aux vives couleurs :

Deux jupes noires d'étoffes de laine à larges plis serrés, dont la supérieure et la plus courte est décorée d'une bordure bleue.

Des bas blancs d'une laine fine se collent sur les jambes, s'arrêtent au col de pied, et s'évasent au moyen d'une cannelure à côtes.

Enfin, comme objet de pur ornement, un tablier blanc serré autour du corps par une ceinture jaune et flottante.

Leurs chants ont la monotonie et la nonchalance de la musique des anciennes tribus pastorales. Ils ne se distinguent ni par la variété ni par la mélodie.

Leurs instruments sont du reste aussi primitifs. C'est toujours le tambourin et le flageolet qui figuraient dès 1780 à la tête du régiment des chasseurs cantabres.

Les Ossalais ont conservé la tradition de certains jeux qui remontent à la plus haute antiquité.

Les jeunes gens y cherchent le mouvement et la distraction ; nous nous bornons pour le moment à nommer les principaux :

Courses aux chevaux, aux ânes, aux sacs, aux œufs, au drapeau ;

Jeux du baquet, du chevalet, des bouteilles, de la poêle.

### PRODUCTIONS NATURELLES.

Pour compléter cette ébauche, nous allons énumérer quelques-unes des principales richesses géologiques, minéralogiques, botaniques et zoologiques de la vallée.

Les notions météorologiques trouveront leur place dans le chapitre consacré à la climatologie générale de Bonnes!

Géologie. — Cet effrayant soulèvement de la croûte terrestre qui constitue la chaîne des Pyrénées démontre un travail géologique antérieur à la venue de l'homme sur la terre.

En regardant les roches de la montagne, la science y lit, comme dans un livre ouvert, l'histoire de la formation du globe, et par la connaissance des dépôts qui existaient lors de l'exhaussement de chacune de ces montagnes, elle établit leur acte de naissance. Nérée Boubée fait remonter à la deuxième période le soulèvement des Pyrénées.

Minéralogie. — Le minéralogiste rencontre à chaque pas les marbres les plus variés, l'ardoise, le granit et l'ophite (pierre nuancée de vert clair et de vert obscur ressemblant à la serpentine[1]).

Parmi les métaux, on trouve :

Des fers, oxydulé, oligiste, arsénical, carbonaté.

Du cuivre gris, carbonaté, pyriteux.

Du plomb argentifère, du zinc sulfuré lamellaire.

Dans la série des roches, on peut citer :

L'albâtre gypseux, le quartz hyalin, le grenat, le mica écailleux, le feldspath compacte et la tourmaline.

ZOOLOGIE. — Les aigles, les milans, les vautours et les lagopèdes habitent les sommets.

La perdrix, la bartavelle, la grive, le ganga, les régions moyennes, tandis que les régions inférieures sont peuplées de coqs de bruyère, palombes, fauvettes, ortolans, gelinottes et merles de roche.

Parmi les quadrupèdes, nous signalerons l'ours et l'izard. Cet animal charmant a beaucoup de ressemblance avec le chamois des Alpes; mêmes jarrets d'acier, mêmes cornes inoffensives, implantées sur la tête au-devant des oreilles, et recourbées en brusque crochet vers le haut.

---

[1] La roche ophiteuse (*amphibole*) a joué un second grand rôle à la dislocation des monts Pyrénéens, et je trouve l'ophite dans les montagnes qui encadrent nos établissements thermaux dans dix-sept lieux différents. (Lettre de Gaston Sacaze.)

« Notre faune en animaux domestiques et sauvages, nous écrit Sacaze, est d'à peu près trente-huit espèces de mammifères. Notre catalogue des oiseaux est de quatre-vingt-dix, dont trente stationnaires. »

Botanique. — Le phénomène le plus inattendu pour le botaniste, c'est de rencontrer tout d'abord sur des pentes arides, brûlées par le soleil, de véritables plantes aquatiques.

Renoncules jaunes ou blanches, gentianes, saxifrages, patiences, épilobes, fumeterres, potentilles et myosotis.

Puis :

La joubarbe, de nombreuses espèces d'anémones, l'œillet des montagnes, le fraisier, le groseillier, le framboisier.

Parmi les plantes spéciales aux hauts sommets :

Le rhododendrum ferruginosum, cette rose des Pyrénées, qui s'arrête à la limite inférieure des neiges ; les hautes tiges sont garnies de feuilles étroites et épaisses, grisâtres en dessous, vert foncé au-dessus ; les fleurs sont d'un rouge cramoisi.

A côté et plus haut :

L'airelle aux baies acidulées, la gentiane aux têtes jaunes, et le lis élégant et svelte des Pyrénées.

Le bassin de la vallée renferme dix plantes spéciales et découvertes de 1837 à 1848. « Outre ces plantes, ajoute

Gaston Sacaze, mon herbier en contient deux mille trois cents, récoltées dans un espace de trente-six lieues carrées, dont dix spéciales, deux cents alpines et pyrénéennes, quatre-vingt à cent pyrénéennes.

Le reste est une végétation qui appartient en même temps aux collines et aux plaines. »

# CHAPITRE II

## LES PYRÉNÉES : DE PAU A EAUX-BONNES

La ville de Pau, ancienne capitale du Béarn, aujour-
d'hui chef-lieu de préfecture, est placée aux pieds et en
face de ce merveilleux et splendide panorama que forme
la chaîne des Pyrénées.

Cette grande protubérance du globe, cette énorme
charpente de terre et de granit large de plus de trente
lieues, semblait avoir été placée par la nature pour former entre les deux pays un rempart indestructible,
mais il a fallu compter avec la civilisation moderne, et
aujourd'hui des routes carrossables sillonnent, en serpentant, leurs flancs séculaires [1].

[1] Au mois de juin 1861, M. le préfet Pron a inauguré la magni-

Pau, renommée à très-juste titre par la douceur de
son climat d'hiver, doit être considérée, pendant les
mois d'été, comme la première étape où viennent se
donner rendez-vous tous ceux qui demandent aux
sources bienfaisantes des Pyrénées le repos et la santé.

Quelle excellente préparation au traitement thermal
que la contemplation des beautés que renferment ces
montagnes, où vous allez vivre quelques semaines libre
des préoccupations importunes, loin des bruits de la
ville, des tracasseries des affaires, des ennuis de la politique !

Laissons la parole à d'illustres écrivains.

En parlant des vallées des Pyrénées, M. Thiers dit :

« Il y a des choses qu'on a le courage de décrire;
mais, pour celles-ci, on déplore la pauvreté des langues
humaines. Le pinceau même ne peut représenter ces
effets d'immensité, ni rendre ces bruits confus et délicieux, ni faire respirer cet air vif qui éveille tous les esprits. Il faut envoyer là le lecteur et renoncer à reproduire une nature inimitable.

« La vallée, comme une rose fraîchement épanouie,
montre ses bois, ses coteaux, ses plaines vertes du blé
naissant ou noires d'un récent labourage; ses étages
nombreux couverts de hameaux et de pâturages, ses

gnifique route qui, traversant la vallée d'Aspé, conduit au fort
d'Urdos.

bosquets fleuris étalant leur feuillage d'un vert tendre; enfin des glaces et des rochers menaçants.

« Mais, ce qu'il est impossible de rendre, c'est le mouvement si varié des oiseaux de toute espèce, des troupeaux qui avancent lentement d'une haie à l'autre, de ces nombreux chevaux qui bondissent dans les pâturages ou au bord des eaux; ce sont surtout ces bruits confus des sonnettes des troupeaux, des aboiements des chiens, du cours des eaux et du vent, bruits mêlés, adoucis par la distance, et qui, joignant leur effet à celui de tous ces mouvements, expriment une vie si étendue, si variée et si calme.

« Je ne sais quelles idées douces, consolantes, mais infinies, immenses, s'emparent de l'âme à cet aspect et la remplissent d'amour pour cette nature et de confiance en ses œuvres. Et si, dans les intervalles de ces bruits qui se succèdent comme des ondes, un chant de berger résonne quelques instants, il semble que la pensée de l'homme s'élève avec ce chant pour raconter ses besoins, ses fatigues au ciel, et lui en demander le soulagement.

« Chacune des saisons, chacune des heures du jour, chacune des variations de l'atmosphère modifie et transforme le paysage, etc. »

Voici comment s'exprime Théophile Bordeu dans sa huitième lettre à madame de Sorberio :

« Notre vallée est sans doute une des plus vastes et des plus agréables : tout s'y trouve, l'agréable pour les curieux et l'utile pour les infirmes! Il n'est point d'air aussi pur, et je ne doute pas qu'on ne pût l'ordonner comme un préservatif pour bien des maux, et même comme un remède surtout dans le temps chaud, lorsque la fraîcheur de ces aimables forêts et de tant de ruisseaux si clairs, jointe à la tranquillité de la solitude, peut mettre l'esprit en repos et rétablir l'harmonie et la paix qui fait la vie du corps et celle de l'âme. »

A propos de cette douce élévation de l'âme produite par la perspective des montagnes, M. l'abbé Guilhou s'écrie :

« Aux âmes pures et sensibles, tout leur parle, les instruit, leur inspire de suaves émotions; sur ce théâtre grandiose où le regard étonné passe de scène en scène, de décoration en décoration, admirant des curiosités toujours nouvelles et toujours variées. »

« Vivre et marcher dans sa liberté, sous la voûte de Dieu, sans souci des hommes et l'esprit en repos, perdu dans la vague contemplation de la nature, voilà, d'après Henri Nicolle, l'existence que l'on mène dans ces parages. »

« Il y a, dit M. de Lamartine, un aimant de l'âme dans les montagnes : je me suis souvent demandé pourquoi, et je crois que cela tient à ce qu'elles sont moins terre

que les vallées, plus isolées de l'espace, plus noyées
dans le firmament, plus vierges de l'homme, de ses
cités, de ses bruits, de ses routes, de ses œuvres, plus
abritées par leur élévation de ses fumées et de ses pas-
sions ! »

L'air des Pyrénées est si pur, si vivifiant qu'il a pu
opérer à lui seul des guérisons merveilleuses.

De Marca avait été frappé « de l'aménité des lieux et
du bon air que l'on jouit en Béarn » Plus près de nous,
un touriste distingué vantait aussi « cet air pur et léger
tout embaumé de la senteur balsamique des bruyères et
des fleurs agrestes. »

C'est avec une spirituelle satisfaction que l'une de nos
célébrités médicales de Paris (M. Rayer), un peu sceptique à l'endroit des eaux, nous a raconté l'anecdote
suivante : Il avait jadis conseillé l'usage des Eaux-
Bonnes, pour une affection de larynx, à un illustre professeur de l'École de droit, devenu plus tard ambassa-
deur, et, pour son malheur, ministre.

Après un séjour d'une huitaine dans ces splendides
contrées, le malade avait repris sa gaieté, son entrain,
son appétit; dans son enthousiasme, il écrivait à son
médecin pour le remercier de ses conseils et pour lui
annoncer une prolongation de traitement. Il ajoutait en
*post-scriptum* qu'il n'avait oublié qu'une chose, de BOIRE
de l'eau de la buvette!

Suivons actuellement pas à pas les quarante-deux kilomètres qui séparent la ville de Pau de la station des
Eaux-Bonnes, et prenons naturellement les allures des
guides Joanne.

### De PAU à GAN, 8 kilomètres.

En sortant de la ville, vous passez sous une des ar-
cades du beau pont de marbre qui unit le château de
Henri IV à son magnifique parc; traversant le Gave sur
le pont de Jurançon, vous arrivez au carrefour de la
Croix-du-Prince, souvenir de Louis XIII, qui s'y arrêta,
quand il vint en Béarn rétablir le catholicisme, et s'a-
genouilla devant ce signe de la foi chrétienne nouvelle-
ment restauré.

Après le deuxième kilomètre, on aperçoit une mo-
saïque romaine parfaitement conservée, et au delà, sur
le charmant ruisseau du Neez aux bords accidentés, le
pont d'Oli, ainsi nommé parce que l'eau ressemble, à cet
endroit, à une rivière d'huile; à droite, les coteaux de
Jurançon; à gauche, ceux de Gélos.

On parcourt jusqu'à Gan un vallon ombragé, bordé
de deux rangs de collines aux délicieux aspects, où se
fait remarquer le domaine des Astous avec ses prairies,
ses vignes et ses bosquets.

**De GAN à RÉBÉNAC, 8 kilomètres.**

Gan a été le théâtre de nombreuses batailles. Cette ville dispute à Toulouse la naissance du célèbre Cujas; c'est la patrie de l'historien du Béarn du seizième siècle, Pierre de Marca, successivement archevêque de Toulouse et de Paris, et du capitaine Darrac; ce digne compagnon de Henri IV avait été anobli par lui pour l'avoir rejoint en Bretagne, dans sa lutte contre le duc de Mercœur, à la tête d'une compagnie de cent beaux gendarmes levés et équipés à ses frais.

De Gan à Rébénac vous longez, à votre gauche, les rives gracieuses du Neez.

**De RÉBÉNAC à SÉVIGNAC, 8 kilomètres.**

Vous voyez à Rébénac (seize kilomètres de Pau), le château des Bitaubé; cette famille, atteinte par la révocation de l'édit de Nantes, compte parmi ses membres : Paul-Jérémie Bitaubé, auteur du poëme de *Joseph* et traducteur d'Homère.

A peu de distance de la route, sous un massif d'arbres, on aperçoit les sources du Neez; l'une semble jaillir du rocher même; l'autre, à côté, sort avec im-

pétuosité et en bouillonnant de la terre ; au-dessus
est une grotte dont la découverte ne remonte qu'à
1853.

### De SÉVIGNAC à LOUVIE-JUZON, 4 kilomètres.

En quittant le vallon du Neez, la route gravit un coteau
et arrive sur ce plateau de Sévignac, où se présente aux
yeux du voyageur le site le plus majestueux.

En face de lui se déroulent les vastes replis de la vallée
d'Ossau, encadrée par les imposants gradins de ses
montagnes.

Aux dernières limites se dresse, à deux mille huit cent
quatre-vingt-cinq mètres, avec ses flèches aiguës et sa
forme bifurquée, l'immense observatoire, le granit géant,
le Pic du Midi ! Qui pourrait dire l'âge de ce royal vieil-
lard, tout au moins contemporain du déluge, dont le
front dénudé défie depuis des siècles toutes les foudres
du ciel !

A gauche, des sommets abruptes; à droite, la riante
vallée d'Orge. Arudy avec ses monuments archéologi-
ques, Bescat et Buzy *au dolmen* druidique.

Du plateau de Sévignac vous descendez, par une pente
rapide, au moulin de Meyrac, qui rappelle le souvenir
d'une noble demoiselle célèbre par son goût pour les

armes, de l'héroïne d'un roman historique du dix-septième siècle.

Après avoir rencontré à l'entrée de la vallée le gave
du Pic du Midi, on la remonte à travers ses nombreux
villages, aux toits ardoisés, reluisants sous les rayons du
soleil.

A droite, au delà du torrent, se cache Izeste, patrie
d'une famille illustre de jurisconsultes et de médecins,
et qui a donné le jour, en 1722, à Théophile de Bordeu.

### De LOUVIE à BIELLE, 4 kilomètres.

En face du pont de Louvie-Juzon s'allonge l'hôtel des
Pyrénées, où vous attend d'ordinaire un modeste déjeuner: sur votre table figurent avec avantage la truite et
le poulet, que vous retrouverez soir et matin, pendant
votre séjour aux eaux.

En quittant Louvie, on côtoie le Gave, sur les bords
duquel s'élèvent bientôt deux monticules pittoresques.

Du plateau du premier se dégagent le clocher d'une
église et les croix du cimetière de Castex.

Sur l'autre apparaissent les restes d'une tour car-
rée, vestiges de cette forteresse de Castet-Gélos, résidence habituelle du vicomte souverain héréditaire du
pays.

Après un kilomètre sur la droite, on voit blanchir les maisons du village de Billières, bâties en amphithéâtre au milieu des prairies, sur les pentes adoucies de la colline.

Sur la rive opposée, la petite forge de Béon, produisant les douze mille quintaux de fer nécessaires à l'exploitation des grands bois.

### De BIELLE à LARUNS, 8 kilomètres.

Le bourg considérable de Bielle est célèbre dans le pays, parce qu'on y conserve les archives de la vallée, le *Trésor d'Ossau.* Ces archives sont renfermées dans un coffre à trois serrures dont les clefs sont confiées aux trois maires.

On y voit une église gothique à trois nefs formée des débris d'un ancien édifice romain; de belles mosaïques. découvertes par M. A. Moreau en 1842 et 1845 ; des ruines d'une abbaye de bénédictins; quelques maisons du moyen âge et de la Renaissance; le château moderne des Laborde.

Après Bielle, à peu de distance l'un de l'autre, s'échelonnent à droite les villages de Balesten et de Gerès, avec leurs petites églises du seizième siècle; à gauche, les hameaux d'Astes et de Géteu, aux abondantes ardoi-

sières, de Louvie-Soubiron à la belle carrière de marbre
blanc.

Un peu au delà, le bourg de Béost montre son église
romane à l'architecture soignée, ses maisons moyen âge
et sa charmante fontaine. Sous le nom de Bagès se
groupent un peu plus haut quelques maisons rustiques.
C'est là que vit Gaston Sacaze, ce pasteur botaniste, l'une
des curiosités d'un pays original et curieux. Sous son
modeste vêtement de montagnard, il cache une indivi-
dualité des plus incontestables, et sa renommée a franchi
depuis longtemps les limites du Béarn.

### De LARUNS aux EAUX-BONNES, 4 kilomètres.

C'est à ce chef-lieu de canton, la dernière cure fran-
çaise, bâtie en forme de croix grecque, que se termine
la vallée d'Ossau.

Laruns compte deux mille habitants : son église, de
forme ogivale, remonte au quinzième siècle. Au milieu
de la place s'élève une fontaine élégante, spécimen de
ce marbre de Gabas exploité avec succès dans toute la
contrée.

En sortant de Laruns, vous passez sur deux ponts :
l'un, jeté sur le Larrieuzé, torrent sec en été, écumant
et terrible l'hiver; l'autre, en marbre, sous lequel bouil-

lonne le Gave du Midi, aux flots impétueux au moment
où il semble se délier de ses entraves, et franchir les
remparts de granit qui forment cette sombre gorge du
Hourat.

Ici commence une véritable ascension pour atteindre
le dernier terme du voyage; la route s'élève en serpentant sur les flancs du Gourzy. Au fond du vallon roule le
Valentin, ce torrent vagabond et bruyant avec lequel
vous aurez occasion de faire plus ample connaissance,
à propos des cascades; sur le versant de la colline, vous
voyez le petit château d'Espalungue, habité par les Livron, noble et grande famille respectée et chérie dans
toute la vallée.

Assouste et sa petite église romane.

Le village d'Aas, suspendu aux flancs de la montagne
verte.

La route que vous suivez est des plus pittoresques;
elle fut ouverte en 1808 par M. de Castellane, l'un des
administrateurs dont les noms sont le plus vénérés dans
ces pays.

En 1855, lorsque Sa Majesté l'Impératrice vint visiter
en souveraine ces thermes, auxquels se rattachaient des
souvenirs de jeunesse et de reconnaissance, elle ex-
prima le désir de voir s'aplanir cette longue rampe en
colimaçon.

Heureux privilége du rang suprême, comme dit

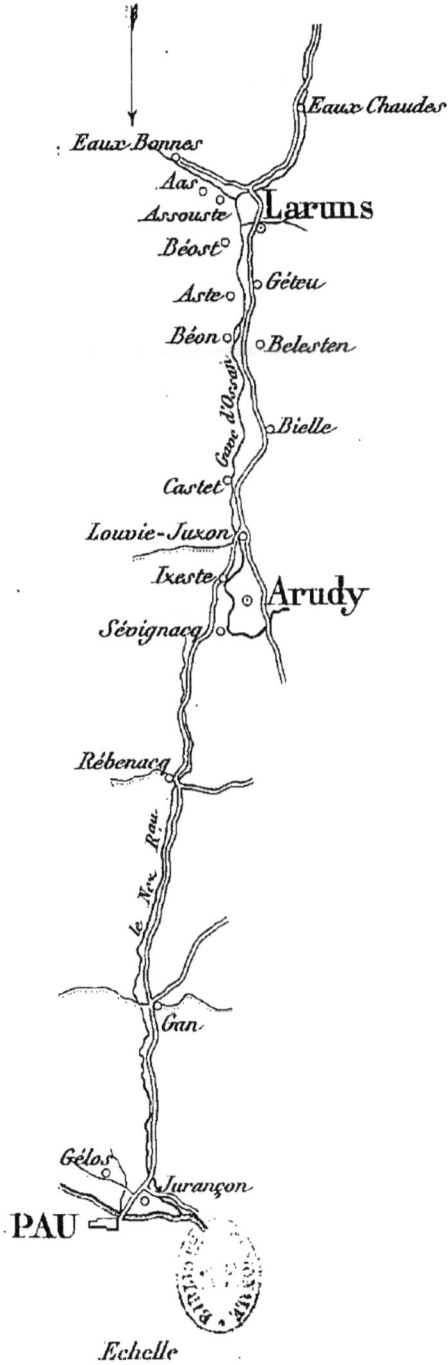

ROUTE DE PAU AUX EAUX BONNES

Publié par J.B. Baillière et fils

M. Moreau, son souhait fut considéré comme un ordre,
et la rectification, commencée le 18 avril 1858, a été
inaugurée par Sa Majesté elle-même en août 1861. Plus
longue de onze cents mètres, elle n'a que des pentes de
trois millimètres au minimum et de cinq au maximum.

Pour compléter son œuvre bienfaisante, notre très-
gracieuse souveraine a donné des ordres pour une
plantation considérable d'arbres le long de la route,
qui sera arrosée par des flots d'eau amenés, à travers le
village, des cascades d'Iscoo.

# DEUXIÈME PARTIE

## EAUX-BONNES

# CHAPITRE PREMIER

## HISTORIQUE DU VILLAGE

Des controverses se sont élevées parmi les différents auteurs pour préciser l'époque de la découverte des sources thermales de Bonnes, et M. J. Lavillette, dans une notice intéressante sur les établissements de la vallée d'Ossau, en a parfaitement démontré l'importance.

Sans vouloir déterminer si certains passages de Pline et de Scaliger s'appliquent à cette station ou bien aux établissements des Hautes-Pyrénées (dans la Bigorre' les sources froides et chaudes abondent à peu de distance les unes des autres,) nous pensons avec M. Moreau que les Romains ont dû connaître les Eaux-Bonnes.

Les belles mosaïques de Bielle, découvertes par lui
en 1842, et qui servirent nécessairement à la décoration
d'un grand édifice, indiquent comme nous l'avons dit,
la présence et le séjour prolongé de ce peuple
dans la vallée : la rage destructive des Cantabres, et
leur désir immodéré d'anéantir les derniers vestiges
de leur esclavage ont pu seuls triompher de leurs
œuvres.

La découverte des Eaux-Bonnes serait due au hasard
d'après une vieille tradition devenue populaire ; la légende raconte qu'une vache paissait dans ces montagnes ; affectée d'un ulcère hideux, elle s'était promptement débarrassée de son mal en venant se baigner dans
une eau qui sourdait à l'entrée de la gorge de Lacoume.
Témoin de cette guérison, le gardien du troupeau avait
suivi l'animal dans ses pérégrinations journalières, et en
constatant la chaleur de la mare médicatrice, il avait du
même coup découvert la source précieuse.

C'est pour la première fois en 1356 que les chartes
du pays font mention des Eaux-Bonnes à l'occasion du
séjour qu'y fit pendant l'été la princesse Talèze, de la
famille des vicomtes de Béarn. Gaston Phœbus, le fameux batailleur, en avait fait un rendez-vous de chasse
quand il poursuivait l'izard, ce chamois mignon des Pyrénées. Notons en passant que les Eaux-Chaudes jouis-
saient depuis longtemps d'une vogue considérable ; San-

che I<sup>er</sup>, roi d'Aragon s'y était rendu en 890, et avait laissé son nom à l'une des sources (Houn deü Rey), le Rey.

On ne trouve pour le quinzième siècle qu'un document en vertu duquel le vallon où sont bâties les Eaux-Bonnes et forêts adjacentes, est revendiqué par les communautés d'Aas et d'Assouste.

Au seizième siècle, dans sa lutte gigantesque contre Charles-Quint, François I<sup>er</sup> avait rallié à sa cause Henri II, roi de Navarre; après les désastres de Pavie, les guerriers navarrais estropiés et souffrants sont envoyés aux Aiguos Buonos, réputées spécifiques contre les blessures, et le roi s'y transporte avec une suite nombreuse de chevaliers, ses glorieux compagnons d'armes. Les heureux effets qu'elles produisent propagent leur réputation dans le haut monde, et la reconnaissance donne aux sources bienfaisantes un baptême glorieux. On appelle eau des *arquebusades* celle qui venait de guérir les blessures produites par l'arquebuse. Il n'est pas bien prouvé que Marguerite d'Anjou, que la galanterie avait proclamée la quatrième Grâce et la dixième Muse, se soit baignée aux Eaux-Bonnes; par contre, la sœur de François I<sup>er</sup>, Marguerite de Valois, la Marguerite des Marguerites, la gracieuse princesse qui résumait en elle la gaie science et la science de la vie joyeuse, s'y rendait souvent pendant ses divers séjours aux Eaux-Chaudes.

Au dix-septième siècle, comme en ne les préconisant que comme vulnéraires, on limitait ses vertus, les habitants du village lui rendirent son ancienne dénomination d'Aigues-Bonnes.

L'historien de Thou allait boire les Eaux-Bonnes à pleines gorgées : accompagné d'un Allemand, ils ingurgitaient, dit-on, jusqu'à cinquante verres, « plutôt, dit la chronique, par plaisir que par nécessité. »

Michel Montaigne, ce mordant critique de la médecine et des médecins, ce spirituel sceptique qui croyait cependant à l'efficacité des eaux minérales, y vint en 1660, et les appela *Gramontoises* pour plaire à son influent protecteur le chancelier de Gramont, d'une famille puissante du Béarn chez laquelle il avait reçu la plus gracieuse hospitalité !

Henri IV dans sa jeunesse se plaisait beaucoup aux Eaux-Bonnes ; Joubert et L. Rivière, médecins célèbres de l'époque, en font mention dans leurs mémoires ; Lebret, intendant du Béarn, écrivait en 1700 : « La difficulté des chemins et de la résidence empêchent qu'elles ne soient fréquentées, quoiqu'on en dise *assez de bien.* »

En 1744, Labaig, après avoir constaté que l'on n'arrivait que par un chemin fort escarpé, mais cependant praticable à cheval (sentier raboteux longeant la rive droite du Valentin et passant par Béost et Assouste), ajoute : « On ne saurait décrire la tristesse de ce lieu sauvage ; on n'y trouve ni feu ni lieu, pour tout logement il n'y a que deux misérables cabanes remplies de mauvais lits où l'homme le moins délicat ne saurait se résoudre à se coucher. Là, fort indécemment et en liberté, sont confondus pêle-mêle les malades d'un sexe différent ; mais ce qui doit surprendre davantage, c'est qu'on n'y trouve aucune ressource pour y subsister, point d'auberge, point de pourvoyeur. »

Sous M. d'Étigny, intendant général du Béarn, un rapide éclair de prospérité luit pour les Eaux-Bonnes ; des routes sont projetées pour les rendre accessibles à tous les besoins, mais cet élan est de courte durée.

Avec le dix-huitième siècle surgissent enfin les Bordeu, à cette époque Antoine commence leur réputation actuelle, en les appliquant plus particulièrement à la guérison des affections de poitrine : « Mon père les a le plus mises en vogue, » dit Th. Bordeu dans ses Lettres à madame de Sorberio (1748). Cette publication célèbre a fait à la fois la fortune des thermes et celle de l'auteur. Bordeu fut récompensé de son fameux système des eaux des Pyrénées par la surintendance générale des eaux d'Aquitaine, et dès lors il ne fut plus question que des eaux minérales dans les académies, les lettres, les gens du monde, les artistes et les philosophes. L'enthousiasme du médecin béarnais pour la vertu des sources

de la vallée entraîne tous les esprits, et les échos de la
chaîne ne répètent que les noms d'analyses, d'observations, d'ouvrages sur la matière. « Chacun veut avoir
sa naïade, la prôner, la créer ; on va même jusqu'à vouloir ériger en eau minérale des bourbiers croupissants,
ou comparer des fossés marécageux à nos sources maî-
tresses. »

Le 20 juillet 1771, une ordonnance de l'intendant de
Navarre établit aux Eaux-Bonnes un régime administra-
tif et un service médical régulier : le fermage rapportait
alors trois livres tournois ; il est vrai que les baignoires
étaient représentées par d'affreuses bicoques en bois de
sapin.

Une ère nouvelle de richesses et de haute renommée
s'élève avec le dix-neuvième siècle, et les gouvernements
révolutionnaires eux-mêmes ne perdent pas de vue les
établissements thermaux.

En l'an III, Lomet, dans son rapport au Comité de sa-
lut public, parle de ces eaux fameuses depuis plusieurs
siècles et dont les vertus sont bien connues. « Les sources cependant, recueillies de la façon la plus pitoyable,
presque inaccessibles par l'état des sentiers qui y conduisent, sont actuellement au dernier degré d'altération,
et au moment d'être perdues pour la République. »
Éclairé par cette enquête, le gouvernement se décide à
prendre en main l'administration des sources d'Ossau

mais les événements s'opposent à la réalisation de cette heureuse pensée.

Napoléon Ier entreprend de faciliter l'exploitation des eaux de la vallée par l'établissement d'une route praticable, et la construction de logements convenables pour recevoir les baigneurs.

Un premier décret (an XII) prescrivait à chaque commune de contribuer pour une part déterminée à l'exécution incessante des travaux réclamés par l'humanité!

M. de Castellane a su mériter la reconnaissance éternelle du pays par le zèle et l'infatigable activité avec lesquels il a poursuivi les améliorations et les embellissements.

« Le vœu du conseil général et de tous les amis de l'humanité va être réalisé, écrivait-il en 1806; les malades trouveront désormais les objets de première nécessité, et ils boiront des eaux pures et de bonne qualité. »

Un deuxième décret portait : « Il sera construit deux maisons, l'une affectée au logement des militaires qui reçoivent sans aucune rétribution le secours des eaux ; l'autre, donnée en location aux baigneurs. Le produit des loyers sera employé à l'entretien des deux édifices et à l'établissement d'une communication des Eaux-Bonnes aux Eaux-Chaudes. »

L'adjudication de l'hospice pour les militaires eut lieu en 1808, sous l'administration de M. de Vaussay, mais on se borna à la construction de la maison dite du gouvernement.

Cette même année, le roi Louis de Hollande passa quelques jours au château d'Espalungue. La Restauration poursuit l'œuvre de l'Empire. Les communes entourent leurs eaux d'une plus grande sollicitude, et en livrent l'exploitation à la spéculation privée : les préfets Dessoles et le Roy suivent le noble exemple de M. de Castellane, leur prédécesseur; aussi, dans ses *Tableaux des Pyrénées françaises*, Arbanère constate-t-il en 1820 que tout se ressent de la nouveauté de la création. « Les maisons sont propres, élégantes, les promenades bien tracées, » là où la monotonie régnait presque sans partage.

En 1823, les Ossalais offrent à la duchesse d'Angoulême « un de ces fromages que le bon roi Henri voulut bien accepter d'un de nos ancêtres... La mémoire du cœur ne meurt pas ; » et en 1828 la duchesse de Berry chevauche dans les montagnes, béret en tête et ceinture rouge au côté !

L'installation des thermes laissait toutefois beaucoup à désirer, car M. D. Nisard écrivait : « C'est une pitié que le séjour des Eaux-Bonnes; on est là dans un entonnoir au bout du monde; c'est la fin de la route : il faut reculer pour en sortir. »

La nomination de M. Prosper Darralde comme médecin-inspecteur en remplacement de son père (1836) fut le signal de progrès nouveaux, et d'une prospérité sans exemple. Une quinzaine d'hôtels à trois et quatre étages s'élèvent bientôt comme par enchantement, et dès 1856 on peut compter pendant la saison de cinq à six mille baigneurs dépensant sur place 800,000 francs à un million d'argent.

Depuis lors les lettres et les sciences, les arts et l'industrie, le commerce et la politique, l'Église et la magistrature, deviennent tributaires des thermes bienfaisants de la vallée d'Ossau, et les cinq parties du monde envoient leur contingent à ce rendez-vous d'élite.

Parmi les visiteurs illustres de ces dernières années, on peut citer le prince de Prusse, le duc de Montpensier, le duc et la duchesse de Nemours, l'infant don Enrique.

Il n'est pas besoin de rappeler les différents séjours de S. M. l'Impératrice Eugénie, car nous retrouvons à chaque pas les traces de sa bienveillante sollicitude !

L'administration actuelle de M. Pron a su profiter avec intelligence et bonheur des conditions particulières qu'ont faites aux Eaux-Bonnes, la mode, la facilité des communications, l'activité des fermiers, la propagande des malades, etc., par-dessus tout la science et la réputation de son très-regretté inspecteur.

A la dernière réunion du conseil général, M. le préfet

a communiqué une note très-intéressante sur les importantes améliorations dues à la bienveillante initiative de
l'Impératrice  Après avoir décrit la nouvelle promenade
et annoncé l'inauguration de l'asile Sainte-Eugénie, il a
signalé les nombreux projets à l'étude. — Embellisse-
ment de la promenade horizontale, — ouverture d'une
promenade le long du Valentin, pour rendre accessible
sa belle cascade, — création d'un promenoir couvert,
— construction d'un Casino au-dessus de la place des
Invalides, — agrandissement de l'église, — chalet de la
source froide, — établissement à Orteich.

Nous ne pouvons qu'applaudir à cette noble pensée
de faire des Eaux-Bonnes l'*un des séjours les plus agréables et les plus utiles des Pyrénées*.

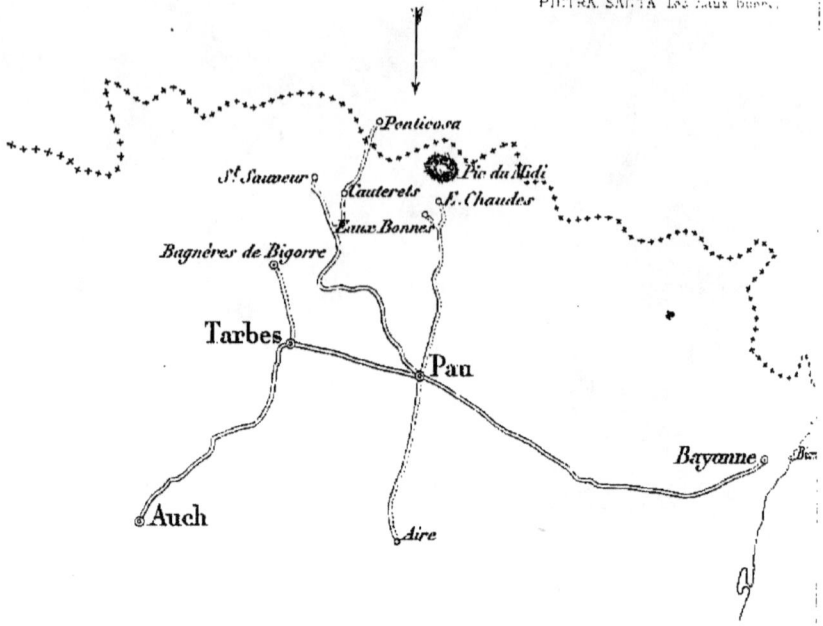

Echelle .

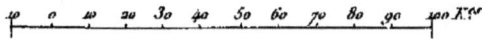

10   0   10   20   30   40   50   60   70   80   90   100 K⁰

Gabas

Pic du Gers

Route de Cauterets          Mont Courzy

Col de Tortes          Lanesse C⁶ᵈᵉ          Eaux Chaudes
Serpent C⁶ᵈᵉ
Col d'Arbas          Hêtre C⁶ᵈᵉ
pⁿᵗ Laroo  E. Bonnes
Cascade
Aas

**Laruns**

Echelle

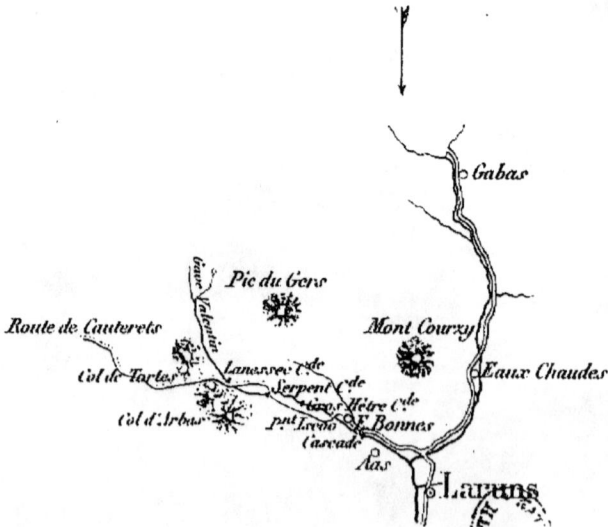

0          5          10          20 K⁰

LES EAUX BONNES (BASSES PYRÉNÉES)

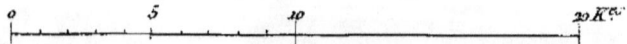

Publié par J. B. Baillière et fils

# CHAPITRE II

## TOPOGRAPHIE

Le village des Eaux-Bonnes est situé au fond de la vallée d'Ossau à 747ᵐ 993 au-dessus du niveau de la mer. Les constructions (présentant sur une étendue de 400 pas, une longue file de maisons à plusieurs étages), s'harmonisent peu avec les splendides paysages qui l'environnent, et forment même un aspect choquant et disparate avec la nature agreste de ce site, pour ainsi dire perdu dans les gorges de montagnes séculaires.

L'entrée du vallon, située au nord-ouest, n'a d'autre ouverture que celle de la route, circonstance heureuse pour briser les violents courants d'air et pour rompre les rafales de vent qui montent de la vallée.

Les deux montagnes qui le constituent .après s'être
ainsi rapprochées, s'écartent de nouveau en courbe allongée, circonscrivent un bassin de figure elliptique, et
se réunissent après pour se perdre dans un rempart de
rochers granitiques; au-dessus, dominant la montagne
de Lacoume, trône le pic du Ger à 2,612 mètres.

(Ce pic du Ger aux aspects divers, toujours saisissants
et toujours nouveaux, se termine en deux petits plateaux qui se réunissent en *salon;* son ascension est le
rêve des aventureux; beaucoup le projettent, peu l'exécutent. Durant le jour, sa masse est d'un gris éclatant,
et le soir aux derniers rayons du soleil, lorsque tout ce
qui l'entoure rentre dans la nuit, il étincelle comme un
casque d'or).

Celle de droite (couchant), c'est le mont Gourzy, avec
ses flancs rapides, ses verts ombrages. Le côté oriental
est formé par une basse colline qui, d'étage en étage,
de mamelons en mamelons, s'élève aux vastes et variées
pelouses de la montagne verte.

Voilà donc circonscrite la calme et douce oasis où
l'on respire un air pur et délicieux ; cette ceinture de
hautes montagnes qui la surplombent, oppose aux grands
vents une barrière infranchissable, et lui ménage une
température plus constante.

De cette disposition il résulte, que ce vallon n'est pas
comme la plupart des autres vallons des Pyrénées, dis-

posé en corridor ouvert à tous les vents; et que l'on peut
y jouir à l'aise de l'influence médicatrice de cette riche
végétation qui imprègne d'autant mieux cet air qu'il est
abrité des agitations violentes qui se font sentir ailleurs.

Nous avons déjà vu ce que ce hameau était à l'origine. En 1836, il prend les proportions d'un village, et,
dès 1850, les développements considérables qu'il reçoit,
l'élèvent à la hauteur d'une véritable ville; les projets
nouveaux arrêtés en 1861 et l'incessante activité qui va
présider à tous les travaux amèneront sans contredit la
transformation la plus heureuse.

Bonnes a trois quartiers bien distincts :

La Grande-Rue, le quartier de la Chapelle, la rue de
la Cascade.

Quelques minutes de promenade seront plus utiles
que de minutieuses descriptions pour en faire connaître
l'importance et la disposition; nous donnerons d'ailleurs
au chapitre des *Renseignements*, quelques détails sur
les principales habitations.

La Grande-Rue, qui occupe tout le côté gauche, se
prolonge jusqu'à l'établissement thermal, après avoir
fait un coude à la hauteur de la maison du gouvernement.

Elle a devant elle le jardin anglais, vaste terrain entouré d'une balustrade auquel la nature avait vainement
prodigué de la verdure, de l'ombrage et de l'eau, et qui
vient d'être transformé par les soins de S. M. l'Impéra-

trice en une promenade délicieuse avec ses ronds-points, ses allées, ses gazons verdoyants et ses corbeilles de fleurs.

C'est le rendez-vous habituel des malades; de magnifiques arbres et des tilleuls qui comptent plus de trente ans d'existence, leur servent d'abri. Ils pourront se reposer moyennant une rétribution de deux francs par saison, sur des fauteuils et des chaises en fer, dont Sa Majesté a fait cadeau à la commune, qui en consacrera le produit au soulagement des pauvres.

Le quartier de la Chapelle, composé d'une série de belles maisons, tend à prendre de nouveaux développements; c'est là que s'élève le temple protestant et le nouvel asile pour les indigents.

L'architecture de la chapelle est aussi simple que sévère. Une grande fenêtre semi-circulaire, à larges carreaux de verre, en forme la rosace et sur son fronton triangulaire se dessine le cadran d'une horloge, qui ne se pique pas toujours de donner l'heure exacte. L'intérieur de l'église est d'une simplicité remarquable malgré quelques tableaux dus à la générosité d'étrangers reconnaissants. Celui de la vierge Marie, *consolatrix afflictorum*, a été offert par M. Moreau, de Paris, le protecteur princier, dont le nom reviendra souvent sous notre plume.

Édifiée en 1829, la chapelle réclame des agrandisse-

ments, au nom de la religion, au nom de l'humanité,
au nom de l'hygiène !

On comprendra mieux cette nécessité en lisant les
paroles que nous sommes heureux d'emprunter aux
*Tableaux historiques* de M. l'abbé Guilhou:

« Dans cet isolement passager qui la sépare du tu-
multe de la vie, en face de ce magnifique océan des
montagnes qui élèvent la pensée vers le ciel, il est des
chrétiens qui s'attendrissent et qui sentent leur foi devenir plus vive et leur piété plus ardente.

« Il y a beaucoup d'âmes qui prient aux Eaux-Bonnes
et leurs aspirations partent d'un cœur trop aimant et
trop pur pour ne pas monter jusqu'à Dieu.

« Vers le soir, quand les bruits du jour s'apaisent,
quand les ombres de la nuit descendent à pas lents, ef-
façant insensiblement les clartés affaiblies du soleil qui
s'enfuit, à l'heure où tout dans la nature semble se recueillir et prier, c'est un pieux et touchant spectacle
que présente la chapelle.

« Ils prient pour eux et pour des êtres bien-aimés, de
cette prière intérieure et confiante qui est le parfum le
plus pur de la créature en face du Créateur, et ils sentent en eux quelque chose de ravissant et de doux qui n'a
pas de nom dans les langues de la terre, car un rayon
d'espérance et de vie est descendu du ciel pour passer
dans leur cœur. »

La mort frappe ici ses victimes dans l'ombre du mystère, ajoute M. l'abbé Guilhou.

« Lorsqu'une frêle existence exhale le dernier souffle de sa vie terrestre, on prend avec soin toutes les précautions pour qu'aucun écho de ce drame funèbre n'aille retentir au dehors et assombrir par des pensées sinistres la douce espérance des malades. »

Frappé des inconvénients d'un pareil état de choses, au point de vue des exigences de la loi et de la mélancolie que cette pensée inspire aux malades, nous avons adressé une humble requête à M. le préfet, pour demander l'installation à Aas d'une chambre mortuaire, cherchant ainsi à concilier les égards que l'on doit aux vivants, avec les devoirs sacrés que réclament ceux qui ne sont plus.

Notre Mémoire indiquant les voies et moyens a été transmis à M. le maire, qui a bien voulu nous promettre son active coopération.

Les constructions de la rue de la Cascade, de date récente, s'allongent le long du Valentin formant une ligne à peu près parallèle à la Grande-Rue. Vous y voyez, vers le milieu, une fontaine qui fournit une eau abondante et pure; à l'extrémité, les débris d'une barraque en pierre vous indiquent la présence des sources thermales d'Orteich, dont nous nous occuperons plus tard.

# CHAPITRE III

## CLIMATOLOGIE

Hippocrate[1], notre maître à tous, avait indiqué dans ses immortels écrits l'importance des topographies médicales, et la division qu'il a établie a eu le rare mérite de se conserver toujours vraie à travers des siècles d'observation.

Si la description d'un champ de bataille est nécessaire pour l'intelligence des faits qui s'y sont accomplis, et des diverses péripéties qui ont constitué la grande lutte, la connaissance des lieux qui doivent former une station thérapeutique, nous paraît indispensable pour

---

[1] Œuvres, trad. par Littré, t. II, *l'Air, les eaux, les lieux*.

déterminer plus sûrement l'influence du climat, pour éclairer ces nombreuses caravanes d'êtres souffrants qui quittent souvent la patrie avec les plus tristes pensées.

Nous connaissons déjà la situation géographique et topographique du village des Eaux-Bonnes ; pour ce qui concerne la géologie, la nature du sol et les productions, nous nous en référons aux notions générales que nous avons données sur la vallée d'Ossau ; avant d'aborder les autres éléments du problème, établissons :

1° Qu'il y a un rapport immédiat et nécessaire entre la météorologie d'une part, la pathologie, l'hygiène et la thérapeutique de l'autre ;

2° Que d'après sir J. Clarke, des variations thermométriques et des changements atmosphériques dans des limites modérées, sont nécessaires au maintien de la santé ;

3° Que l'influence de la végétation sur le climat est des plus constantes ; les contrées dénudées sont plus riches et plus chaudes que celles où les bois abondent : les arbres, puissants auxiliaires de salubrité, ont la vertu spéciale d'aspirer l'humidité ; pourvus de feuilles et frappés par le soleil, ils restituent à l'atmosphère l'oxygène qu'elle a perdu.

EAUX (Nature, distribution)

A l'étude de la structure géologique du sol sur l'organisme, se rattache naturellement celle de l'influence des eaux, qui forme une donnée très-importante dans les conditions hygiéniques d'une localité.

Le village est traversé par deux cours d'eau, le Valentin à droite, la Soude à gauche; ce dernier sort du vallon de Lacoume, et vient se jeter, à l'entrée des premières maisons de la Grande-Rue, dans le torrent.

Il est question d'y faire arriver l'eau des cascatelles qui contribuent à former la cascade d'Iscoo. Elles alimenteront les élégantes pièces d'eau du jardin anglais et répandront la fraîcheur sur tout le parcours de la nouvelle route.

En général, l'eau que l'on boit est froide, un peu crue, contenant des sels calcaires; quelques gouttes de solution de nitrate d'argent suffisent pour déceler la présence d'une certaine quantité de chlorure de sodium;

du reste, elle cuit bien les légumes, et dissout le savon.

Il existe derrière l'établissement, près du hangar de l'embouteillage, une source d'eau délicieuse que nous ne saurions trop recommander.

Comme dans toutes les montagnes, les orages à Bonnes sont fréquents, les nuages s'amoncellent avec rapidité et se résolvent en ondées : il n'a pas été établi d'instruments pour mesurer la quantité d'eau tombée ; d'après ce que nous venons de dire, on conçoit que les indications du pluviomètre n'auraient qu'une importance secondaire.

Pendant les saisons de 1860 et 1861, nous avons établi, à l'entrée du village, sur la Grande-Rue, un petit observatoire météorologique, muni d'excellents instruments. Nous donnons aujourd'hui les résultats de nos premières recherches, plus tard nous serons à même d'établir des moyennes d'autant plus précises, qu'elles porteront sur un nombre plus considérable d'années.

En 1860, nous avons noté trente jours de pluie (peu ou beaucoup) sur soixante-seize.

Et en 1861, trente-trois sur soixante-quinze[1].

---

[1] Voici un tableau comparatif de l'eau tombée en 1845.

| | |
|---|---|
| Paris. . . . . . . . | 534 millimètres. |
| Pau. . . . . . . . . . | 1,284 — |
| Béost et Bonnes. . . . | 1,716 — |

## ATMOSPHÈRE

On donne le nom d'atmosphère à cette masse d'air qui entoure la terre de tous côtés, et dans laquelle s'agitent tous les êtres vivants ; l'homme est donc lié à l'atmosphère par des rapports nécessaires, non interrompus. Les divers principes qui la constituent, constants (électricité, lumière, chaleur) ou accidentels (miasmes, émanations délétères), agissent d'une manière immédiate sur l'organisme.

Si la pureté de l'air est nécessaire à l'homme dans son état physiologique, elle doit être bien plus essentielle au valétudinaire.

Dans toutes les phases de la maladie, une atmosphère limpide, un ciel sans nuages, exercent sur nos fonctions une influence bienfaisante, qu'on ne saurait trop apprécier.

Qu'y a-t-il de comparable à la gaieté et à la liberté d'esprit que donne un beau jour de soleil ?

## TEMPÉRATURE (Thermométrie)

On appelle température, l'impression plus ou moins sensible que fait éprouver au corps humain la masse d'air qui l'environne, selon qu'elle est plus ou moins chargée de chaleur; cette impression se mesure par le thermomètre.

Dans la constitution des climats, c'est cet élément de température qui domine tous les autres, car les mutations atmosphériques que détermine sa périodicité annuelle constituent dans leur succession régulière les saisons.

Il y a dans la température d'un lieu un minimum qui, d'après Kaemtz, a lieu une demi-heure avant le lever du soleil; un maximum qui se présente après deux heures de l'après-midi : en prenant la moyenne de ces deux degrés extrêmes et du chiffre relevé à une autre heure de la journée, on obtient la température moyenne du jour. Par des calculs analogues, on détermine les températures moyennes mensuelles et annuelles ; celle-ci est donc l'expression dernière, représentée par un seul chiffre, de toutes les influences climatologiques auxquelles une localité a été soumise pendant douze mois.

D'après les calculs de Gaston Sacaze[1], la température annuelle moyenne de la vallée serait de + 11° 7 : maximum + 33°, minimum — 6° (observatoire à Bagès Béost, à 670ᵐ d'altitude ; dix-neuf années, de 1842 à 1860).

Des observations recueillies avec beaucoup de soin aux Eaux-Chaudes, par notre très-distingué confrère le Dʳ Izarié, il résulte que la moyenne de la saison d'été oscille entre 17° et 18°: nos observations personnelles nous ont fourni les résultats suivants :

1860. *Juin*. — Thermomètre centigrade. Oscillations de 10° à 22°. Moyenne : 15°.

*Juillet*. — Thermomètre descendu à 10° ; monté à 22° ; oscillant entre 13° et 19°.

*Août*. — Thermomètre : une fois, 9° ; une fois, 29° ; variant entre 13° et 18°.

1861. *Juin*. — Oscillations de 11° à 24°.

*Juillet*. — Une fois, 11° ; deux fois, 33°. Moyenne : de 19° à 20°.

*Août*. — Moyenne plus élevée : de 22° à 23°.

[1] Nous ne saurions trop remercier M. Sacaze des intéressants documents qu'il a bien voulu mettre à notre disposition.

### ÉTAT D'HUMIDITÉ (Hygrométrie)

Les climatologistes modernes accordent une grande importance à l'état hygrométrique de l'air, c'est-à-dire au rapport entre la quantité de vapeur d'eau contenue dans l'air, et celle qui s'y trouverait au point de saturation.

La quantité de vapeurs répandues dans l'air à un moment donné, est une des causes principales qui modifient la transpiration, soit pulmonaire, soit cutanée.

L'air chaud et humide exerce sur l'ensemble des fonctions une action débilitante.

L'air vital est actif et tonique avec la sécheresse.

J. Clarke considère l'humidité comme l'une des qualités physiques de l'air qui sont le plus nuisibles à la vie humaine, et dans notre Mémoire, l'*Influence des pays chauds sur la marche de la tuberculisation*, nous avions insisté sur ce point en ces termes :

« Une atmosphère moite et humide réprime l'évaporation du corps; les conditions contraires l'activent. »

Plusieurs méthodes servent à déterminer cet état hygrométrique : toutes sont assez compliquées, mais l'hygromètre Saussure (à cheveu ou par absorption), fournit
des indications suffisantes pour les recherches médicales.

Afin de contrôler ces résultats, nous avons fait dans
le cours de ces deux années des essais psychrométri-
ques (thermomètre mouillé), mais nous avons trouvé
toujours un rapport d'analogie entre ces deux
modes :

1860 *Juin*. — Hygromètre descendu une seule fois
à 55 ; s'est tenu constamment au-dessus de 75, attei-
gnant le p'us souvent les degrés 90, 95 et 100.

*Juillet*. — Pendant tout le mois, l'hygromètre n'a
marqué que deux fois 70 dans les huit premiers jours,
il a oscillé entre 75 et 90, puis il s'est fixé à l'extrême
limite 100.

*Août*. — L'hygromètre est descendu une seule fois
à 50 (15 août), les 8, 22 et 24 il a marqué 80 ; à part
cela l'aiguille est restée toujours au delà de 100.

1861. *Juin*. — 75° au bas; d'ordinaire entre 85° et
100°.

*Juillet*. — Presque toujours au delà de 100°.

*Août*. — Constamment au maximum d'humidité.

L'eau atmosphérique ne reste pas toujours à l'état de
vapeur invisible, elle se condense sous forme de vési-

cules creuses, remplies d'air saturé ou sous forme
de gouttelettes et donne ainsi naissance à divers météores aqueux et spécialement aux brouillards et à la
rosée.

Comme le voisinage des montagnes et la saison chaude
sont des conditions essentielles pour la formation des
brouillards, on conçoit aisément que l'on doive en voir
souvent et plus souvent qu'on ne le désirerait.

La rosée se forme plus particulièrement de mi-
nuit au lever du soleil; elle n'est jamais très-abon-
dante.

### PRESSION ATMOSPHÉRIQUE (Baromètre)

L'atmosphère dans laquelle l'homme vit et se développe doit agir sur lui, non-seulement par le plus ou
moins de chaleur qui l'anime, par le plus ou moins d'humidité qu'elle contient, mais encore par le poids que le
corps supporte. Ces variations de pression sont indiquées
par le baromètre. Ce poids, à la pression ordinaire de
0,760 millimètres, est évalué pour un homme de taille

moyenne à 16,000 kilogrammes ; à l'abaissement de 2 centimètres de la colonne mercurielle, correspond une diminution de poids de plus de 150 kilogrammes ; cette circonstance provoque nécessairement l'évaporation et rend l'air plus sec et plus froid.

A Paris, la moyenne de la hauteur barométrique est de 0,75.

A Bonnes, elle descend à 0,70.

La différence est donc de 5 centimètres, par conséquent en multipliant 75 kilog. par 5 cent., vous aurez la différence du poids que vous supportez dans ces deux localités.

Nos observations ont été prises au moyen du baromètre à mercure de Fortin, et du baromètre métallique de Richard. Les différences entre ces deux instruments ont été sensibles. Mais ces constatations journalières ont prouvé une fois de plus la vérité de cette loi de Burdach :

« Dans les zones tempérées, le baromètre n'est pas l'instrument propre à indiquer la marche régulière des phénomènes du temps pendant le cours de la journée et de l'année. »

Toutefois nous devons avouer avoir fait cette année (1861), quelques progrès dans nos prédictions à la Matthieu Laensberg. En mettant en rapport les oscillations du baromètre, avec l'état hygrométrique de l'air et la direction de certains vents, nous avons déterminé d'une manière satisfaisante l'état du temps de douze à vingt-quatre heures à l'avance.

Ce qui rendra toujours cette détermination difficile, ce sont les perturbations atmosphériques instantanées; quelquefois aussi l'orage qui avait été indiqué par nos instruments, a éclaté plus loin dans une autre vallée, ce dont nous nous apercevions par la fraîcheur de l'atmosphère.

1860, *Juin*. — Baromètre Fortin réduit à 0 oscillations de 680 à 689, moyenne de 688 millimètres.

*Juillet*. — Baromètre 694 au plus haut, 687 au plus bas.

*Août*. — Oscillations plus accentuées. Il est descendu le 15 à 678 et s'est élevé les 3, 7 et 8 à 693.

1861. — En général les oscillations ont été très-minimes.

*Juin*. — 693 au plus bas, 701 au plus haut.

*Juillet*. — Moyenne, 698.

*Août*. — 703 au maximum.

A Bagès la moyenne barométrique est évaluée à 703; 716 au maximum, et 685 au minimum.

## ANÉMOLOGIE

Personne n'a jamais contesté la grande importance hygiénique de l'étude de l'air en mouvement.

Les vents sont des modificateurs très-actifs de notre organisme, et c'est avec raison que le D<sup>r</sup> Martins les considère comme les grands arbitres des changements atmosphériques exerçant sur la salubrité des lieux et sur la nature des climats l'influence la plus directe. La formation du vent se déduit aisément de cette loi de Kaemtz.

« Si deux régions voisines sont inégalement chauffées, il se produira dans les couches supérieures, un vent allant de la région chaude à la froide et à la surface du sol un courant contraire. »

M. Fournet a observé dans les montagnes ces alternatives de courant ascendant diurne et de courant descendant nocturne.

Le premier est dû à l'échauffement des cimes au soleil levant; l'échauffement de la plaine dans la journée détermine vers le soir un courant descendant. Dans les promenades du matin et du soir, chacun pourra se convaincre par lui-même de la vérité de ces observations.

Nous avons déjà fait observer que le village de Bonnes était heureusement abrité des grands vents par un rempart de hautes montagnes; toutefois la constatation de ces vents mêmes est très-difficile. La girouette, pour en indiquer la direction, l'anémomètre pour en mesurer l'intensité, ne conduisent qu'à des résultats incertains. Par la disposition même du bassin, ces colonnes d'air en s'y engouffrant constituent des vents de remou qui n'ont plus de rapport avec les mouvements des couches supérieures. On en est réduit à la direction des vents par les nuages, et cette constatation est nécessairement difficile dans les jours screins.

Voici la proportion de la force des vents pendant le mois de juillet 1861 :

Sur soixante-deux constatations : quatre fois fort, douze fois moyen, trente fois brise, seize fois calme.

Quant à leur direction, ce sont les vents du sud qui ont prédominé.

Il en est un surtout, le sud-sud-ouest, qui a le triste privilége d'être accablant pour l'homme, d'anéantir l'énergie morale et physique; chacun de vous a nommé le *sirocco, simoun, kamsin, vent du désert.* Quand il souffle,

on dirait de l'air chaud sortant d'une fournaise; son action sur le système nerveux est des plus manifestes,
même quand il traverse une vaste contrée ou une étendue de mer considérable.


## OZONOMÉTRIE


Les incertitudes et les mystères qui environnent encore les études météorologiques, l'absence de données
positives sur le rôle joué par certains météores, devaient
naturellement faire accorder une grande importance aux
agents nouveaux dont on déterminerait l'existence dans
l'atmosphère; aussi, lorsque le professeur Schœnbein, en
décomposant l'eau par la pile de Volta, découvrit, le
premier, ce corps ou cet agent qu'il nomma *ozone*, l'auteur lui-même et quelques savants étrangers le firent
intervenir dans une foule de phénomènes. On exagéra
son influence dans la constatation de la climatologie
d'un lieu, et on lui assigna une puissance déme-
surée dans la manifestation des maladies dites épi-
démiques.

Les observations les plus minutieuses que nous pour-
suivons depuis plusieurs années en Afrique et en France,
nous font rejeter la corrélation que l'on a cherché à établir entre ce modificateur et celle des fièvres intermittentes, du choléra, de la grippe, voire même de la
phthisie.

Le savant inventeur du fulmi-coton a prouvé que,
sous l'influence de certains phénomènes chimico-phy-
siques, l'oxygène subit une modification particulière. Il
a nommé ce nouvel état gazeux *ozone*, à cause de cette
odeur particulière que l'on appelait autrefois odeur de la
machine électrique : odeur forte qui lui donne une action irritante sur la muqueuse bronchique, et qui lui
assure des propriétés antiputrides et antimiasmatiques.
D'une part, l'ozone se produit artificiellement en soumettant l'air ou l'oxygène à des décharges électriques
répétées; de l'autre, il se forme naturellement dans l'air
sous l'empire de conditions déterminées; dans les deux
cas il se décèle par la propriété qu'il possède de décom-
poser l'iodure d'amidon. — C'est précisément sur cette
décomposition que se fonde l'étude des observations ozonométriques.

L'ozone, décomposant l'iodure de potassium, donne
lieu à la production de potasse, et l'iode mis en liberté
s'unit à l'amidon qu'il colore en bleu.

Les papiers ozonométriques doivent être exposés à l'air

libre, pendant quelques heures (dans un endroit abrité contre le soleil et la pluie, mais balayé par le vent, en dehors de toute émanation du gaz hydrogène).

Les diverses teintes bleues correspondent à des échelles de convention qui donnent la mesure du plus ou moins d'ozone.

Le blanc mat du papier amidonné, c'est-à-dire le zéro, représente l'absence de l'ozone, tandis que le maximum, c'est-à-dire la coloration la plus foncée à laquelle l'ozone puisse amener les diverses bandelettes, est représenté par 10 (échelle Schœnbein), par 21 (échelle Bérigny, de Versailles). L'espace compris entre zéro et 10 ou 21 est divisé en compartiments ou degrés variables par l'intensité de la coloration. Quand une bandelette a été exposée à l'air, pour établir le degré, on la trempe pendant quelques instants dans l'eau distillée, puis on la compare aux nuances de l'échelle chromatique.

Les rapports très-remarquables qui existent entre la courbe de l'ozone et celle de l'électricité suffisent pour prouver que le papier ozonométrique à l'air libre subit réellement une décomposition par l'effet de l'électricité atmosphérique. Donc l'ozone est de l'oxygène électrisé. M. Bérigny trouve la confirmation de ce fait dans l'épreuve de M. Silbermann, au Conservatoire des arts et métiers. Cet observateur avait obtenu une nuance d'ozone plus forte en électrisant le papier de Schœnbein.

Pendant le cours de nos observations, nous avons été assez heureux pour voir se confirmer l'une des lois de M. Bérigny.

Le rapport entre les colorations plus intenses du papier ozonométrique, et les degrés plus élevés d'humidité a été à peu près constant.

D'ordinaire, lorsque l'aiguille marquait 90 ou 100° sur l'hygromètre Saussure, la teinte violette correspondait aux divisions 12, 14, 16 de la gamme ozonométrique.

L'influence de la hauteur barométrique n'a pas été très-appréciable. A 725 mètres au-dessus du niveau de la mer, nous obtenions des teintes aussi accentuées que celles fournies par des papiers placés sur le pavillon de la butte du Trésor, à 780 mètres.

L'influence du brouillard a été toujours des plus manifestes; elle se traduisait par une coloration plus intense des bandelettes.

Aux environs de l'établissement thermal, la réaction des papiers ozonométriques était toujours moins caractérisée. Dans l'intérieur des galeries, elle correspondait à 7 ou 8 degrés de moins que chez nous.

Le papier suspendu au-dessus de la buvette n'a souvent fourni qu'une teinte imperceptible.

Jamais aucune nuance dans la salle de pulvérisation. Lorsqu'il y a dans un endroit production du gaz sulfhydrique, ce gaz obéit à ses lois d'affinité avec l'iode, et s'oppose nécessairement à toute autre réaction.

Dès 1860, nous établissions donc que la courbe de l'ozone est en raison directe de celle formée par les constatations successives de l'hygromètre Saussure.

En 1861, nous avons étudié comparativement les papiers Schœnbein et les bandelettes proposées par M. le professeur Houzeau, de Rouen. En mettant en rapport les résultats obtenus aux Eaux-Bonnes, ceux que nous faisions constater sur notre balcon du boulevard Sébastopol à Paris, et ceux que le docteur Bérigny enregistrait aux mêmes heures à Versailles, nous sommes portés à conclure à l'existence incontestable de l'ozone et à ses relations avec l'humidité de l'air d'une part et l'électricité de l'autre.

Nous mentionnerons ici avec plaisir la lettre que nous avons reçue à Bonnes, de M. H..., qui, après avoir pris connaissance de nos premières études, nous engageait en termes très-précis à rechercher le rapport qui peut exister entre l'ozone et les névralgies faciales. Ses réflexions étaient d'autant plus dignes d'intérêt qu'il était lui-même le sujet, *experimentum in anima nobili*.

« Ces névralgies, écrivait-il, m'envahissent indépendamment de tout acte ou de toute fatigue de ma part, au milieu du plus grand repos moral ou physique, quand le temps présente l'un des caractères suivants :

« 1° Froid âpre;

« 2° Humidité stagnante et tension de vapeur dans l'air;

« 5° Une certaine dose d'électricité atmosphérique;

« 4° Enfin, toutes les fois que l'atmosphère est violemment agitée comme aux époques des tempêtes, à l'approche d'un orage, dans la saison des giboulées, c'est-à-dire qu'elles m'envahissent précisément dans toutes les circonstances qui engendrent l'ozone et dans lesquelles vous constatez un excès de ce nouvel élément.

« Je suis persuadé que si quelqu'un près de moi construisait pendant une année une courbe ozonométrique, et si pendant le même temps je dressais ma courbe névralgique, je verrais se confirmer cette cinquième loi à ajouter aux quatre mentionnées dans votre notice :

« La fréquence et l'intensité des névralgies croissent en raison directe de l'accroissement de l'ozone. »

Nous nous estimerions heureux de pouvoir, après des études ultérieures, donner une réponse satisfaisante aux questions que nous a posées notre bienveillant interlocuteur. Certes si nous pouvions réaliser ses espérances, de neutraliser l'ozone dans un milieu donné, nous aurions fait un grand pas dans notre modeste carrière, et notre découverte pourrait à la rigueur se passer de la garantie du gouvernement!

## CONDITIONS CLIMATÉRIQUES DIVERSES

Indépendamment des agents que nous venons de passer en revue, il existe dans l'atmosphère d'autres phénomènes qui ont une action directe et immédiate sur les fonctions de l'organisme en général, sur celles du système nerveux en particulier.

Ces phénomènes optiques, électriques, magnétiques, jouent un très-grand rôle en météorologie; si leur influence sur les êtres organisés est encore mystérieuse, difficile à définir, si les moyens d'investigations et de déterminations laissent beaucoup à désirer, ils n'en méritent pas moins une sérieuse considération.

Quelle action énergique la lumière n'exerce-t-elle pas sur les fonctions de l'économie animale et sur la manière d'être des animaux!

Si les fluctuations périodiques de l'électricité atmosphérique sont peu saisissables, qui pourrait mettre en doute les sensations que l'homme éprouve dans ces diverses circonstances?

Une chaleur sèche favorise le développement et l'accumulation du fluide électrique dans les régions élevées de l'atmosphère; l'état d'humidité de l'air l'entraîne au contraire à la surface du globe.

Or, par un temps chaud et sec, il y a plus d'équilibre dans les forces et plus d'accord dans l'ensemble de leur action.

Pendant le règne d'une constitution humide et chaude, on ressent une modification dans le système nerveux, une exaltation de la sensibilité qui se traduit par des douleurs vagues, indéfinies.

Le fréquence des orages que nous avons signalée plus haut démontre une quantité considérable d'électricité en mouvement; et les petites secousses de tremblements de terre que l'on ressent de temps à autre dans la vallée prouvent les rapports intimes qui existent entre cette électricité de l'air et celle qui s'accumule dans les entrailles de la terre.

Nous terminerons ce chapitre par une citation de la lettre de M. Gaston Sacaze, en transcrivant le tableau qu'il a dressé sur l'état du ciel pendant une année.

« Le climat des Eaux-Bonnes et des Eaux-Chaudes est assez doux; les chaleurs de l'été y sont tempérées; l'é-

lévation des eaux, les vents du nord et les eaux d'abondantes cascatelles qui modifient l'air environnant, contribuent à cet état favorable de l'atmosphère.

|  | Moyenne. | Maximum. | Minimum. |
|---|---|---|---|
| Jours de soleil. . . . . . . . . . | 142 | 164 | 120 |
| — nuageux . . . . . . . . . | 112 | 135 | 87 |
| — couverts . . . . . . . . . | 172 | 264 | 80 |
| — pluie. . . . . . . . . . . | 137 | 147 | 127 |
| — tonnerre . . . . . . . . . | 50 | 36 | 4 |
| — grêle. . . . . . . . . . . | 19 | 26 | 16 |
| — neige. . . . . . . . . . . | 42 | 64 | 22 |
| — vents (vent dominant, N.-O.). | 116 | 167 | 78 |
| Quantité d'eau tombée. . . . . . | 1,546 | 1,845 | 1,213 |

# CHAPITRE IV

## L'ÉTABLISSEMENT THERMAL

En suivant la grande rue qui traverse le village des Eaux Bonnes, aux dernières limites du bassin, l'on voit se dégager, du côté gauche de la montagne de la Serre, un immense rocher de forme conique, de nature calcaire, dont le sommet se termine à une certaine élévation par un plateau que couronne un pavillon en bois. C'est là la butte du Trésor; c'est à ses pieds que coulent les quatre sources principales de la station. Il n'est pas nécessaire de rechercher l'origine d'une pareille dénomination. Ces sources thermales qui sourdent de ce point n'ont-elles pas été et ne sont-elles pas encore la fortune du pays? Par la plus heureuse disposition, elles se trouvent au

centre des habitations, ce qui constitue un avantage
important pour les malades, ainsi dispensés de parcourir plusieurs kilomètres pour aller les chercher.

L'établissement qui les renferme date de 1846. Cet
édifice, de forme rectangulaire, d'une architecture à la
fois simple et élégante, est construit en marbre du pays.
On y arrive par un double perron qui mène à un balcon
bordé d'une grille en fer et s'étendant sur la façade.
Un fronton triangulaire surmonte les trois grandes ouvertures terminées en arc qui y donnent accès, et six
grandes fenêtres au premier étage indiquent le logement
de l'inspecteur.

En entrant dans cette vaste salle de la Buvette, dallée
de morceaux de marbres alternativement blancs et noirs,
on aperçoit quatre colonnes carrées, sur deux rangs,
séparées par deux arceaux en plein cintre, qui divisent
ce grand espace en trois compartiments ; un premier
péristyle, conduisant à droite au bureau du régisseur,
et à gauche à deux cabinets de bains ; la salle du milieu,
qui s'élève jusqu'au sommet de l'édifice, et qui, éclairée
par un vaste vitrage, permet aux malades de se reposer
sur des bancs appropriés ; les deux corridors de droite
et de gauche conduisent aux cabinets de bains. Au fond
du deuxième péristyle, est un enfoncement semi-circulaire qui reçoit le jour par un grand carreau de verre
dépoli, figurant une rosace percée au milieu par un

ventilateur; une grande vasque et un robinet scellé à un écusson de marbre indiquent la présence de la vieille source. La vasque (1ᵐ,30 de hauteur, 1ᵐ,50 de largeur) est en marbre blanc veiné de bleu, sculptée à l'intérieur et reposant sur le sol.

Le robinet est en platine, bifide, à béquilles, dont les branches à base unique s'écartent de quelques centimètres ; cette composition métallique le rend inaltérable au contact de l'eau minérale.

Dans un prétoire cintré, les deux hommes, en costume béarnais, préposés à la distribution de l'eau, se tiennent derrière une table de 4 mètres, sur laquelle chacun dépose son verre et sa bouteille. La grande habitude fait en sorte que ces serviteurs, d'ailleurs très-polis et très-soigneux, ne donnent que la dose voulue, après l'avoir additionnée, selon l'ordonnance, de sirop, de lait, d'infusion de tilleul.

Comme pour arriver à la buvette il y avait souvent presse et encombrement, l'on a imaginé d'établir dans ce péristyle, des deux côtés, à la hauteur des grandes colonnes du milieu, deux balustrades dans une direction perpendiculaire : quatre personnes de front pourront se présenter successivement devant la table, et, en sortant à droite et à gauche, elles iront déposer, dans les armoires en bois blanc et à planches, les bouteilles des sirops et les verres gradués.

Toujours dans ce péristyle, contre les murs latéraux, sont adossées deux vasques de marbre blanc, avec robinets d'eau ordinaire, servant aux gargarismes. Nous espérons les voir bientôt disparaître : il y a pour cela une foule de bonnes raisons. D'abord le stationnement des personnes qui se gargarisent nuit à la libre circulation des buveurs; ensuite cette opération n'a rien d'agréable pour ceux qui ne s'y livrent pas; finalement, dans les cas opportuns, les personnes embarrassées de se trouver ainsi en spectacle exécutent mal leurs prescriptions.

Si l'on agrandit le promenoir couvert, il sera facile de consacrer une chambre à l'installation des vasques en question : on pourrait aussi utiliser le robinet qui sert à l'embouteillage des eaux transportées.

A 10 mètres de l'établissement s'élève un bâtiment nouveau, maçonnerie sans forme, disgracieuse, sorte de blockhaus qui a singulièrement amoindri la promenade, très-utile pour les malades, qui formait la place des Invalides.

L'intérieur est divisé par un corridor de 3 mètres de largeur, conduisant par des portes vitrées à deux grandes salles carrées que six fenêtres éclairent au nord et à l'est.

La première est consacrée aux bains de pied.

Dans la seconde est installée la salle de pulvérisation.

L'on a reconnu depuis longtemps la nécessité d'agrandir l'établissement : insuffisant et restreint, il n'est plus en rapport avec la prospérité actuelle de la station.

C'est surtout pendant les temps humides et pluvieux que les pauvres valétudinaires éprouvent le besoin d'un promenoir couvert, à l'abri des vicissitudes atmosphériques et des courants d'air.

Nous savons que l'administration se préoccupe beaucoup de cette question; si nous n'avons pas été assez heureux pour consulter les nouveaux plans, nous pouvons donner à nos lecteurs l'assurance qu'ils trouveront dès l'année prochaine de grandes améliorations.

Sa Majesté l'Impératrice a fait admettre en principe la création d'un Casino, qui servira de centre, de point de réunion, aussi bien pour ceux qui souffrent que pour les personnes qui se portent bien. En préconisant, au chapitre *Hygiène*, l'utilité des distractions pour les malades, il nous sera facile de prouver que ces moyens moraux viennent puissamment en aide aux secours de l'action médicale elle-même.

Le nouveau Casino sera construit au-dessus de la place des Invalides; si l'on y perd momentanément une promenade commode et facile, on obviera à cet inconvénient par la création d'un promenoir couvert, et par l'ouverture de nouvelles voies d'un abord facile et ombragé.

L'intelligence et l'activité de M. le maire actuel sont pour nous de sûrs garants pour voir se raccorder à la nouvelle route de Cauterets la promenade qui partait de l'établissement en serpentant sur le versant oriental de la butte du Trésor.

Sur le plateau circonscrit par ces travaux pourront s'élever plus tard, dans la position la plus heureuse, des constructions et des chalets.

Dans la salle de la Buvette on constate, à toutes les heures de la journée, une température plus élevée qu'à l'extérieur, et une odeur sulfureuse *sui generis*.

Le matin de sept à dix heures, et dans l'après-midi de trois à quatre, elle présente une animation toute particulière. On se rencontre, on se donne des poignées de main, on s'informe de sa santé, on fait des projets pour a journée.

Les eaux ne se prennent que moyennant rétribution; si la première visite a été consacrée à monsieur votre médecin, la seconde revient de droit à M. le régisseur. Il vous remet, pour 10 francs, 5 francs ou 2 francs, selon la catégorie des personnes, la carte jaune qui vous permettra de boire pendant toute la saison.

Nous aurions désiré que la dernière loi sur les eaux minérales, si progressive à l'article du libre usage de l'eau, fût plus humanitaire en supprimant toute espèce de redevance pour le malade.

Du moment où la Providence a gratifié une contrée de ces puissants auxiliaires de la santé publique, chacun doit pouvoir en user largement, et à sa guise. Sans doute il faut de l'argent pour l'entretien des établissements, pour la création de ces mille moyens accessoires de tout traitement sérieux; mais c'est précisément sur ces moyens que devraient porter les contributions et les dîmes.

Pas de droit pour la boisson, sauf à augmenter le prix des bains généraux, des pédiluves, des séances d'inhalation, de l'embouteillage !

Nous recommandons à la bienveillante sollicitude de M. le préfet ces réflexions sommaires, et, s'il nous objectait que le cahier des charges accorde à M. l'inspecteur le privilége de distribuer des cartes gratis aux indigents, nous demanderions encore que ce droit ne fût pas limité au mois de juin, qu'il existât pour toute la saison, qu'il fût plus généralisé !

A propos des indigents, disons quelques mots sur ce que l'on faisait pour eux, et sur ce qu'on se propose de faire.

En principe, il y a unanimité pour admettre que les malades pauvres méritent une attention toute spéciale, et tout le monde est disposé à *donner* dans les limites de son avoir.

Deux moyens se présentent pour atteindre le but, c'est-à-dire pour organiser la charité :

La distribution des secours à domicile;

La construction d'un hospice.

Pendant plusieurs années, madame Pommé a montré les ressources que l'on pouvait obtenir avec le premier : en faisant appel à des sentiments d'humanité qui ne lui ont jamais fait défaut, elle a pu, sans bruit et sans embarras, soulager un très-grand nombre d'infortunes.

Plus tard une société religieuse a centralisé les recettes, distribuant à son gré et sans contrôle les secours et les indemnités. De graves abus se sont glissés dans cette organisation, et, sans vouloir faire de la revue rétrospective, nous affirmons qu'une partie de l'argent donné aux Eaux-Bonnes pour le soulagement des malheureux malades de la localité a été distrait de sa destination première, et a été consacré à des œuvres méritoires peut-être, mais à coup sûr personnelles à la congrégation.

Constater une pareille anomalie, c'est la mettre dans l'impossibilité de se reproduire.

D'ailleurs, par les soins d'intelligents baigneurs, le produit d'une soirée littéraire a été déposé pour un premier fonds, à l'effet d'organiser le bureau de bienfaisance.

Le produit des chaises placées au jardin anglais par Sa Majesté grossira annuellement cette modeste réserve. Rien de plus facile que de le composer à l'instar des bureaux de Paris.

Sous la présidence de M. le maire, M. l'inspecteur,
M. le curé, quelques notables et deux médecins libres,
ormeront un comité qui offrira toutes les garanties désirables, et qui saura mettre à profit le zèle et le dévoue-
ment des sœurs de la charité.

Nous ne saurions trop insister sur le prompt développement de cette institution d'une utilité incontestable :
elle permettra de donner une extension salutaire aux
secours à domicile.

Quant au second moyen, l'hospice, nous avouons
humblement ne pas lui accorder toute l'importance
qu'on semble y attacher. Quels avantages pourra retirer
la science d'une clinique qui, en réalité, se réduira à un
mois de l'année, pendant que, les onze autres mois, le
malade sera soumis à une direction étrangère?

Mais, comme notre rôle n'est pas de critiquer un asile
qui s'élève sous un très-puissant patronage, nous nous
bornerons à prémunir les confrères qui seront chargés
de sa direction médicale contre les conditions défavo-
rables de situation et d'orientation de l'édifice. Si
l'on avait pu préalablement consulter les vieux médecins de la localité, l'on serait arrivé indubitablement
à trouver un emplacement plus heureux et plus hygiénique.

Le cabinet de l'embouteillage est situé derrière l'établissement à peu de distance des griffons. Un filet d'eau

minérale emprunté à la vieille source est affecté à cet usage spécial.

L'exportation des Eaux-Bonnes augmente dans les pro-portions les plus considérables : elle s'était élevée en 1857 à près de 120,000 bouteilles ; elle atteint, cette année, un chiffre plus important. Tout le monde peut puiser à la source moyennant un droit de remplissage fixé à 20 centimes par litre.

M. le professeur Filhol nous apprend que cet embou-teillage s'effectue avec un soin tout particulier ; cela est d'autant plus nécessaire que l'eau s'altère très-faci-ement : la moindre bulle d'air suffit pour modifier ses combinaisons moléculaires, changer la nature et la pro-portion du sulfure de sodium, altérer son action théra-peutique.

L'emploi d'une aiguille cannelée qu'on met dans le goulot de la bouteille quand on la bouche, et qu'on re-tire immédiatement après, permet d'exclure presqu'en entier l'air du goulot, et prévient ainsi les altérations successives.

Comme nous n'avons jamais vu l'instrument en ques-tion, nous aimons à croire que nous sommes toujours tombés sur l'exception. La signaler sera, nous l'espé-rons du moins, rappeler tout le monde à l'exécution de la règle. Un moyen, quel qu'il soit, n'est excellent qu'à la condition de fonctionner toujours et quand même.

Dans les essais sulfhydrométriques que nous avons faits à Paris par la méthode Dupasquier, nous avons constaté une sulfuration diverse dans les bouteilles prises, soit à des pharmacies différentes, soit dans la même officine.

La proportion était parfois assez notable ; il se dégage naturellement dans ces circonstances une plus grande quantité d'acide sulfhydrique, qui se manifeste par une odeur caractéristique d'œufs pourris. Les eaux sont alors plus irritantes, plus énergiques, mais rien ne prouve que les propriétés thérapeutiques aient conservé leur efficacité première.

La morale de ce paragraphe, c'est qu'il faut apporter les soins les plus minutieux à l'embouteillage de la vieille source, en se rappelant l'expression poétique de Bordeu : « Nos eaux, comme les habitants de nos montagnes, ne quittent pas volontiers leur patrie. »

# CHAPITRE V

## LES SOURCES

Les eaux des diverses sources de Bonnes se ressemblent : elles renferment toutes les mêmes éléments minéralisateurs, et ne diffèrent les unes des autres que par la proportion de ces éléments et leur degré de température ; aussi jouissent-elles de propriétés physiques presque identiques. Celle de la Buvette est consacrée à la boisson, à l'embouteillage et à la salle de pulvérisation ; les autres sources réunies sont destinées aux bains généraux.

Pour notre description nous nous servirons de l'état des griffons tel qu'il a été dressé par M. J. François, l'éminent ingénieur des mines préposé aux aménagements des établissements thermaux de l'Empire.

**EAUX-BONNES** (Basses-Pyrénées), arrondissement d'Oloron.

| SULFURÉE SODIQUE. | TEMPÉRATURE de 12, 80 à 32°. | DÉBIT par 24 heures. |
|---|---|---|
| 1° Source de la Buvette (vieille source). | 32° 75 | 9,086 litres. |
| 2° — inférieure . . . . . . . . . | 30° 50 | 15,840 |
| 3° — supérieure . . . . . . . . | 28° 20 | 6,192 |
| 4° Nouvelle source (du Rocher) . . . . | 28° à 31 | 12,540 |
| 5° Sources d'Orteich . . . . . 19°,80 à 23° | 10 | 23,072 |
| 6° Source froide (du Bois) . . . . . . | 12° 80 | 8,640 |
| | | 75,370 litres. |

1° SOURCE DE LA BUVETTE, OU VIEILLE SOURCE. — Son griffon, sortant de bas en haut d'une fissure de rocher, se
trouve dans la cour derrière l'établissement thermal, à
un mètre de la fenêtre qui éclaire la buvette.

Un bassin de 30 et quelques centimètres de dia-
mètre et de 1 mètre de profondeur reçoit l'eau, qui est
recouverte à sa surface d'une couche assez mince de barégine et de sulfuraire; une poussière de soufre, presque impalpable, s'attache aux parois latérales et inférieures du récipient.

L'eau que fournit la source pendant la nuit est reçue
dans un grand réservoir (8 mètres de longueur, 3 mètres de largeur sur 1 mètre 50 centimètres de profondeur), où se rend aussi l'eau de la nouvelle source.

L'eau de la buvette, limpide et incolore, répand une odeur franche d'acide sulfhydrique; sa saveur est analogue à celle d'une dissolution faible de sulfure de sodium.

Sa température au griffon est de 52°,75 (professeur Filhol).

Les expériences personnelles que nous avons faites en 1860 et 1861, à diverses heures de jour et de nuit, au moyen de thermomètres Baudin, nous ont fourni la température constante de 52° au robinet de la buvette. Elle présente au griffon toutes les apparences des eaux minérales gazeuses.

2° Source ancienne ou inférieure. — Son bassin de captage est le même que celui de la vieille source. Il occupe le centre de la même cour, et se déverse dans le réservoir décrit plus haut. Elle est moins limpide parce qu'elle tient en suspension de la barégine et de la sulfuraire dont les fragments sont très-blancs à la partie supérieure et colorés en noir foncé inférieurement.

MM. Lespy et Sacaze ont découvert autour de ces sources des griffons secondaires pouvant donner cinq litres à la minute.

3° Source supérieure. — Au bout de la cour où se trouvent ces deux premiers griffons, et à la base du rocher, existe une petite niche cintrée au fond de laquelle est établie la banquette qui recouvre l'enchambrement de la source supérieure. Reçue dans un bassin de pierre, elle se rend directement, par un tuyau de plomb, dans la chaudière où l'on élève sa température ordinaire pour réchauffer les eaux destinées aux bains.

4° SOURCE CONTRE LE ROCHER OU NOUVELLE. — Elle sort d'une fente du rocher, au niveau du mur qui sépare la cour du lieu où l'on prépare l'embouteillage. Le griffon est entouré d'un bassin en pierre bétonné; l'eau, emportée par des canaux de plomb, se mêle à la source supérieure, et alimente comme elle les baignoires de l'établissement thermal.

Cette eau est moins limpide et moins transparente par la présence de longs filaments de barégine et de sulfuraire. Sa température est de 28°,1.

5° LES SOURCES D'ORTEICH coulent du côté opposé de la montagne de la Serre, dans le vallon adjacent; elles sont situées au fond de la rue de la Cascade, sur les bords du Valentin, à 50 mètres en avant du pont d'Aas; elles sortent du marbre par plusieurs griffons.

L'eau, claire et limpide, entraîne quelques fragments de barégine; du soufre finement divisé adhère aux parois du rocher dans les points qui entourent le griffon.

D'après M. J. François, la premièredonne un litre en onze secondes et demie, la deuxième un litre en cinq secondes et demie; les températures varieraient de 19°,80 à 23°,10.

M. Filhol, dans son analyse de la source qui sort de la colonnette de marbre, lui assigne une température de 22°,20.

C'est aussi celle que nous avons trouvée cette année avec M. Richard (de Sédan).

6° SOURCE FROIDE, OU DU BOIS. — Le griffon se présente au sommet d'une rampe en se dirigeant dans le vallon de Lacoume, à 100 mètres environ nord-est de l'établissement, presqu'en face de l'asile Sainte-Eugénie.

Sa température est de 12°,80, et son rendement de 1 litre en 15 secondes et demie ; M. le professeur Filhol a trouvé 13°,30.

Avec le bienveillant concours de M. Richard, nous avons enregistré les nombreux relevés de température aux diverses heures de la journée, nous n'avons jamais atteint le chiffre de ce savant professeur. Ils ont toujours oscillé entre 12°,0 et 12°,20.

Ces légères différences peuvent être attribuées au captage encore imparfait de la source, et aux infiltrations d'eau qui doivent nécessairement s'ensuivre.

Nous verrons plus bas les avantages que l'on retire de cette source, que Darralde, le premier, avait étudiée avec soin.

Dans l'étude que nous allons poursuivre de l'eau minérale de Bonnes, nous allons prendre pour type l'eau de la Buvette. C'est la source la plus efficace, la plus précieuse.

Connaissant déjà son gisement (elle émerge d'un rocher calcaire), son débit (un litre en neuf secondes), sa température (32° au robinet), nous allons passer en revue :

D'abord ses propriétés physiques et organoleptiques;

Puis ensuite ses propriétés chimiques et son analyse quantitative.

Limpide et incolore à son point d'émergence, l'eau de Bonnes est onctueuse, grasse et douce au toucher.

Elle répand une odeur particulière d'œufs cuits plutôt que d'œufs couvés; le goût n'est pas désagréable, on s'y accoutume facilement. Il est doux, aiguisé d'un petit montant légèrement sucré qui désaltère et enlève le fade de l'eau commune chauffée au même degré.

De petites bulles d'un gaz incolore viennent en petillant se fixer sur les parois du verre et se dégager à sa surface. Le professeur Filhol, dans la remarquable analyse à laquelle nous ferons de longs emprunts, considère ces gaz comme un mélange d'azote et d'une trace d'acide sulfhydrique.

On attribuait généralement, l'odeur de l'eau et sa propriété de brunir l'argent à la production de l'hydrogène sulfuré qui se produit instantanément au contact de l'oxygène de l'air et du sulfure de sodium de l'eau; mais, en dehors de l'analyse chimique, l'on peut se persuader que cet hydrogène sulfuré existe à l'état libre en répétant l'une de nos expériences.

Au moyen d'une longue pipette introduite dans le robinet de l'embouteillage, nous arrivons près du griffon de la vieille source, et, comme nous nous trouvons de cette manière à l'abri de tout contact de l'air extérieur, nous aspirons l'eau et nous constatons les mêmes caractères que nous venons d'énumérer.

L'eau de Bonnes charrie des filaments veloutés, blanchâtres, que nous avons déjà notés à la surface du bassin, et qui se déposent au fond du verre sous la forme d'un duvet léger et floconneux. C'est là sulfuraire, décrite pour la première fois par le docteur Fontan. Cette conferve, douée d'une organisation et d'une structure déterminées, a été classée botaniquement par notre éminent confrère dans son remarquable ouvrage sur les thermes des Pyrénées.

Toutefois, dans la vieille source la sulfuraire n'est pas aussi abondante que l'on a bien voulu le dire;

elle se rencontre plus souvent à la source froide.

Soumise à l'action de la chaleur, l'eau minérale laisse dégager, longtemps avant de bouillir, des bulles gazeuses constituées comme les précédentes par un mélange d'azote et de traces d'acide sulfhydrique.

---

La science possède de nombreuses analyses sur les eaux de la vallée, et des travaux remarquables à plus d'un point de vue ont été publiés par Bayen, Venel, Monet, Pagès, Montaut, Poumier, Anglada, Ossian Henry et Fontan [1].

Nous nous bornerons à esquisser ici l'analyse de Bordeu telle que la permettaient les notions chimiques de l'époque, et à énumérer les détails de l'analyse du professeur Filhol, tels que les constituent les exigences de l chimie moderne.

« Ces eaux, dit Bordeu, contiennent du soufre, comme

Consultez à ce sujet le remarquable ouvrage, *Dictionnaire universel des eaux minérales et d'hydrologie médicale,* par MM. Durand-Fardel, Le Bret, J. Lefort et M. J. François. Paris, 1860 vol. in-8.

l'odeur, le goût et l'inflammabilité des glaires le démontrent, sans parler de la teinture de l'argent.

« Il paraît aussi qu'elles charrient quelques parties de fer.

« Ce fer joint au soufre peut composer dans l'eau une espèce de vitriol que la nuance rouge de la teinture des noix de galle indique.

« Enfin nous avons dans les Eaux-Bonnes une terre poreuse, fort divisée, et une espèce de sel dont il n'est pas aisé de définir la nature.

« Surtout elles contiennent beaucoup de cette partie spiritueuse, volatile, qui emporte apparemment ce sel un peu piquant qui se fait sentir au goût, cette huile qui rend l'odeur plus vive. »

Ce langage nous paraît aujourd'hui un peu confus, mais vers 1750 c'était encore le plus scientifique et le plus sensé.

Passons à l'analyse du savant professeur de l'école de Toulouse.

Les premiers essais de l'eau de Bonnes par la teinture de tournesol et le sulfhydromètre font voir d'une part qu'elle est faiblement alcaline, de l'autre qu'elle ne contient pas une quantité appréciable d'hyposulfite. En suivant ces expériences on établit ainsi les caractères qui les distinguent des autres eaux sulfureuses des Pyrénées :

Absence presque complète de carbonate et de silicate de soude;

Abondance de chlorures et richesse en chlorure de sodium.

La richesse en sels de chaux est telle, qu'on peut établir un rapprochement entre leur assortiment minéral et celui des eaux sulfureuses calciques d'Enghien.

Cet ensemble de caractères avait fait soupçonner à M. Filhol que le soufre existe au moins en partie à l'état de sulfure de calcium; mais des essais nombreux lui ont démontré que la majeure partie du sulfure contenu dans ces eaux est réellement du sulfure de sodium.

Pour lui, il est infiniment probable que dans une eau où se trouvent à la fois du sulfate de chaux et du sulfure de sodium, il se produit un peu de sulfate de soude et du sulfure de calcium.

Les Eaux-Bonnes contiendraient donc, selon toute apparence, un peu de sulfure de calcium, ce qui les distinguerait des autres eaux thermales des Pyrénées.

Un caractère distinctif des Eaux-Bonnes se déduit encore de leur richesse en iode; M. Chatin n'hésite pas à les comparer, sous ce rapport, aux sources minérales des Alpes, qui sont plus iodurées que celles des Pyrénées.

Les recherches de M. Bouis ont prouvé que ces eaux contiennent de l'ammoniaque.

M. Filhol, le premier, a constaté des traces de fluorures, tout en retrouvant des phosphates de chaux et de magnésie.

En faisant dissoudre le résidu, et en versant dans la solution du sel ammoniac et de l'ammoniaque en excès, il se produit un léger précipité de sesquioxyde de fer.

En évaporant un litre d'eau minérale à une douce chaleur dans une capsule en platine, on obtient un résidu séché de $0^{gr},6199$, et, en le soumettant à la calcination, il éprouve une diminution de poids de $0^{gr},0480$, qui représente approximativement la quantité des matières organiques contenues.

Il résulte des recherches précédentes qu'un litre d'eau de la vieille source a fourni :

|  | Grammes. |
|---|---|
| Soufre | 0,0086 |
| Chlore | 0,1610 |
| Iode | traces. |
| Fluor | traces. |
| Acide carbonique | traces. |
| — sulfurique | 0,1150 |
| — phosphorique | traces. |
| — borique | traces. |
| — silicique | 0,0500 |
| Soude | 0,1690 |
| Ammoniaque | 0,0005 |
| Potasse | traces. |
| Chaux | 0,0077 |
| Magnésie | traces. |
| Oxyde de fer | traces. |
| Matière organique | 0,0480 |
| TOTAL | 0,6178 |

En cherchant à déterminer la nature probable des combinaisons qui existent dans l'eau de Bonnes, l'éminent chimiste, par de nombreux essais et par le raisonnement, est conduit à proposer de représenter, comme il suit, la composition chimique de l'eau de Bonnes.

EAU 1 KILOG. (PESÉE A LA TEMPÉRATURE DE 15°).

|  | Grammes. |
|---|---|
| Sulfure de sodium | 0,0214 |
| — de calcium | traces. |
| Chlorure de sodium | 0,2640 |
| — de calcium | traces. |
| Sulfate de soude | 0,0277 |
| — de chaux | 0,1644 |
| — de magnésie | traces. |
| Silicate de soude | traces. |
| Borate de soude | traces. |
| Ammoniaque | 0,0005 |
| Iodure de sodium | traces. |
| Phosphate de chaux | traces. |
| — de magnésie | traces. |
| Fer | traces. |
| Matière organique | 0,0480 |
| Silice en excès | 0,0500 |
| Fluorure de calcium | traces. |
| TOTAL | 0,5 60 |

L'assortiment minéral des eaux de Bonnes est donc des plus remarquables, et ces eaux se distinguent de leurs analogues des Pyrénées par plusieurs caractères de la plus haute importance.

2° SOURCE D'EN BAS. — Un kilogramme d'eau pesé à la température de 15° a donné :

Soufre, 0,0068, ou bien, sulfure de sodium, 0,0465
Chlore, 0,1760, — de calcium, traces.
Iode et fluor, traces, chlorure de sodium, 0,2900

6° SOURCE DE LA MONTAGNE. — Un kilogramme d'eau, pesé à la température de 15° :

Soufre, 0,0080, ou bien, sulfure de sodium, 0.0196
Chlore, 0,1591. — chlorure de calcium, traces.
Iode et fluor, traces. — chlorure de sodium, 0,2620

5° SOURCES D'ORTEICH. — Un kilogramme pesé à la température de 15° :

Soufre, 0,0088, ou bien, sulfure de sodium, 0,0215
Chlore, 0,1870, — — de calcium, traces.
Iode et fluor, traces, — chlorure de sodium, 0,5080

Il résulte de ces analyses que les quatre sources minérales présentent une similitude de composition telle,

qu'on peut les regarder comme presque identiques.
« Tout autorise à penser, ajoute M. Filhol, que leur action
thérapeutique doit être la même, ou que, si elle présente quelques différences, c'est à leur température et
non à leur composition qu'il faut l'attribuer.»

—————

L'examen de ces résultats nous conduit toutefois à
une réflexion assez intéressante au point de vue de
l'exploitation.

Quand on a parlé d'utiliser les sources d'Orteich pour
un établissement de bains, il s'est élevé dans l'esprit de
quelques personnes des craintes, tendant à établir une
relation immédiate entre ces griffons et ceux de la buvette.

Ces diverses sources n'auraient-elles pas sous la butte
du Trésor un réservoir commun, et le captage des nouvelles ne nuirait-il pas au volume déjà restreint de l'ancienne?

Il nous semble que les différences de température et
d'agrégat moléculaire que nous venons d'enregistrer
sont assez sensibles pour ne pas admettre cette relation
intime, et pour écarter les objections qui en découlent.

Nous appelons de tous nos vœux la création d'un établissement sur les bords du Valentin.

Son utilité est incontestable au point de vue général
de la station, et à son développement se rattache, d'une
manière plus particulière, la prospérité du nouveau quartier de la rue de la Cascade.

# CHAPITRE VI

## LA THERMALITÉ DES EAUX

Parmi les problèmes que les naturalistes de l'antiquité se sont efforcés de résoudre, il en est peu qui aient donné lieu à autant de suppositions que celui de la caloricité ou de la thermalisation des eaux minérales; et cependant M. Babinet a démontré de nos jours, dans de magnifiques études, comment la physique et la chimie de notre temps se trouvent liées à l'histoire de ces sources chaudes ou froides. Nous ne citerons que pour mémoire les opinions des anciens. Aristote prétendait que les sources qui jaillissent sur la surface de la terre ne sont qu'un amas des parties d'air qui étaient unies dans des grottes souterraines.

6.

Pythagore comparait la terre à un grand animal, et, suivant sa manière de voir, les eaux qui allaient et qui venaient par ses entrailles ressemblaient aux humeurs qui se trouvent dans le corps des autres animaux.

Pour Descartes, l'eau de la mer parvenue à une certaine distance dans la terre, trouve des feux qui l'élèvent au sommet des montagnes.

« La mer et les pluies, dit Th. Bordeu, entretiennent toutes nos sources ; les eaux de la mer, sont portées par leur gravité vers le centre de la terre, d'où elles sont repoussées par les feux souterrains et portées vers la surface.

« Celle-ci laisse passer l'eau des pluies, qui va se ramasser dans des réservoirs et se distribuer dans les canaux qui la conduisent jusqu'aux endroits d'où elle jaillit. »

L'hypothèse qui a survécu à toutes ces dernières est celle de la chaleur centrale de la terre, soit qu'elle ne se produise au dehors que par les eaux chaudes qui en résultent, soit qu'elle se manifeste par des volcans.

Les eaux pluviales, après avoir pénétré dans l'intérieur de la terre, peuvent donc se réduire en vapeur ; celle-ci, refoulée de bas en haut par la pression à laquelle elle est soumise, et en traversant des couches de terrain plus froides, redevient liquide

Les eaux qui en résultent acquièrent leur minéralisation et ressortent enfin partout où elles s'accumulent, et partout où le sol leur permet une libre sortie.

N'est-il pas dès lors de la plus grande évidence que les eaux minérales sont le produit du lessivage des terres par les eaux du vaste Océan, et que les pluies qui tombent et coulent à la surface ainsi que sous le sol des continents portent continuellement à la mer le reste des sels solubles contenus dans les terrains que lavent ces eaux courantes?

Les eaux thermales sont les témoins irrécusables de cette chaleur centrale; leurs variations de température s'expliquent par le fait que les diverses couches du globe sont à une température d'autant plus élevée qu'elles se rapprochent davantage du centre.

Personne n'ignore aujourd'hui que la terre est plus chaude d'un degré centigrade par chaque profondeur de 30 mètres, de telle sorte qu'à 3 kilomètres environ l'on n'aurait que de l'eau bouillante. A 550 mètres, le puits de Grenelle de Paris ramena de l'eau tiède au degré déterminé par M. Walferdin, et le nouveau puits de Passy donne de l'eau à 28° centigrade.

Un savant membre de l'Institut, M. Cordier, qui a recueilli les faits observés dans la profondeur des mines sur cet accroissement universel de température, nous apprend que, dans les mines de Cornouailles et dans les

mines de sel de Wielicza, en Pologne, la température est
celle de l'été.

D'après M. J. François, pour presque toutes nos sources
thermo-minérales, il existe des relations marquées de
position et de voisinage entre ces eaux et les roches
plutoniques, volcaniques et métamorphiques.

C'est surtout vers les limites des massifs éruptifs et
au voisinage des roches les plus récentes que se trouvent les points d'émergence.

Quelle est la nature du calorique des eaux thermales?

On a beaucoup discuté pour savoir si la chaleur des
eaux thermales était de même nature que celle que l'on
fait acquérir à l'eau en l'exposant sur un foyer. On a
émis l'opinion que les eaux minérales avaient un calorique propre et bien différent de celui que nous produisons à l'aide de nos foyers.

Pline avait dit que les eaux de Wiesbaden restent
chaudes pendant trois jours. Guersant a écrit que le calorique qui échauffe les eaux thermales s'y trouve toujours dans un état de combinaison tout particulier qui
leur imprime, par rapport à nos organes, des propriétés
très-différentes de celles que nous pouvons communiquer à l'eau à l'aide de nos moyens artificiels de chauf-
fage. Comme Guersant, Fodéré croit à un calorique spécial ou spécifique de l'eau minérale.

D'autre part, les expériences thermométriques de Longchamp, Schweiger, Reuss, prouvent que des eaux thermales placées à côté d'eaux douces amenées à la même température, se refroidissent toujours dans le même temps.

M. Lebert, à Néris, a constaté que l'eau douce, chauffée à 50° centigrade, demandait le même temps pour se refroidir jusqu'à 20° que l'eau de Néris prise à sa source.

M. Fontan soutient que la question n'est pas douteuse pour ceux qui ont fait des expériences avec soin ; elle les laisse convaincus que la chaleur des eaux naturelles et la chaleur communiquée produisent à température égale des résultats qui sont physiquement identiques.

Voici quelques-unes des plus significatives :

Des mauves fleuries jetées pendant deux minutes dans la source de la grotte supérieure à Bagnères-de-Luchon (température 60°-50°) en sont sorties flétries.

Des couleuvres plongées dans cette eau une demi-minute en ont été retirées roides mortes.

En prenant deux carafes d'égale capacité, l'une remplie de l'eau du Clot (Eaux-Chaudes) à 33°, l'autre contenant de l'eau du torrent portée à 33°, notre savant confrère a enregistré les résultats suivants :

| | Heures. | Clot. | Torrent. |
|---|---|---|---|
| Après | 1 | 35.00 | 33.00 |
| — | 2 | 26.90 | 27.10 |
| — | 4 | 22.50 | 22.40 |
| — | 9 | 19.25 | 19.45 |

Quelle était l'opinion de Bordeu, puisque ses écrits représentent les notions les plus avancées de l'époque? Voici plusieurs passages de ses très-intéressantes lettres à madame de Sorberio.

« Il y a des qualités communes à toutes les eaux chaudes minérales; elles sont toutes un peu plus chaudes, un peu plus actives le matin que le soir, la nuit que le jour, l'hiver que l'été; et cela est naturel : moins la terre transpire, plus les pores sont serrés par le froid, plus aussi les esprits des eaux se concentrent avec la chaleur........

« Les eaux minérales ne font pas sur les organes du goût et du tact les mêmes effets que l'eau commune chaude au même degré d'un thermomètre connu.

« D'où vient cette différence? Est-ce que les parties de feu contenues dans l'eau minérale sont trop subtiles, et ne devraient-elles pas par cela même être plus pénétrantes? »

En comparant la caloricité des deux eaux, Bordeu trouve que l'eau commune perd plus vite une chaleur plus active; « elle a une chaleur plus âpre qui s'évapore, qui se dissipe; celle de l'eau minérale, au contraire, se concentre et l'abandonne avec peine, comme s'il y avait quelque lien qui l'y retînt, et qui ne la laissât agir que pour se montrer, pour ainsi dire, pour se faire connaître.

« Comment rendre raison d'où vient qu'une eau minérale chaude n'a pas plus de disposition pour bouillir que l'eau commune froide?

« Il faut autant de temps pour faire bouillir l'une que l'autre; j'ai exposé à un feu égal la même quantité d'eau minérale refroidie, de la chaude et de l'eau commune, elles ont bouilli en même temps à peu de chose près. N'y aurait-il pas du feu de plusieurs espèces? Les eaux minérales contiennent une substance très-active et très-subtile qui s'évapore en peu de temps. C'est, dit-on, cet esprit universel répandu dans les entrailles de la terre qui donne aux eaux leur vertu; il les vivifie; il fait leur portion la plus noble et la plus essentielle, celle qui anime pour ainsi dire tout le reste! »

Nous ne nous livrerons pas à une discussion détaillée des opinions émises par l'illustre Béarnais; il y a souvent dans ce langage figuré un fond de vérité; ce sont les aspirations du génie avant les constatations précises que les instruments de la physique moderne nous ont apportées.

Cet esprit universel qui vivifie et anime les eaux minérales, n'est-ce pas ce *quid ignotum* qui fait que, malgré les analyses les plus minutieuses, nous ne pourrons jamais recomposer une eau minérale quelconque?

Pour rentrer dans la question, vérifions les trois assertions principales de Bordeu :

1° Les eaux minérales ne font pas, sur les organes du goût et du tact, les mêmes effets que l'eau commune chaude au même degré d'un thermomètre connu.

2° Il y a des qualités communes à toutes les eaux chaudes minérales, elles sont toutes un peu plus chaudes, plus actives le matin que le soir, la nuit que le jour, l'hiver que l'été.

3° L'eau commune se refroidit plus tôt que la minérale.

Pendant deux années consécutives, seul ou avec le concours de M. Richard (de Sedan), munis de thermomètres très-sensibles, construits à cet effet par M. Baudin, l'un de nos plus habiles constructeurs, nous avons examiné ces diverses questions.

La première assertion nous paraît dépendre de sensations individuelles, en relation avec les conditions atmosphériques extérieures et les phénomènes plus ou moins physiologiques des malades.

Les constatations nombreuses que nous avons faites à la buvette, le soir et le matin, la nuit et le jour, nous ont donné invariablement le chiffre 32°.

Il n'est pas exact de dire que les malades s'aperçoivent dans le cours de la saison de cette variabilité thermale, elle n'existe pas. Souvent l'homme préposé à la Buvette nous parlait d'une diminution de température, d'une sensation de froid que croyaient éprouver les buveurs, mais la vérification thermométrique nous montrait immédiatement qu'elle était illusoire.

Il est difficile dès lors d'admettre la théorie de Bordeu : « Moins la terre transpire, plus les pores sont serrés par le froid, plus aussi les esprits des eaux se concentrent avec la chaleur. »

Il ne nous est pas aussi aisé de vérifier l'assertion que M. Filhol a formulée en ces termes : « La température des sources les mieux aménagées, les plus indépendantes des eaux d'infiltration, n'est pas absolument invariable. »

Il s'appuie sur les résultats suivants :

En 1835 la source vieille a donné 33.00, et la froide 12.80
    1841        —            32.20,      —        13.00
    1850        —            32.20,      —        12.20
    1860        —            32.75,      —        13.50

D'abord nous ferons observer que ces différences sont peu sensibles ; puis nous constaterons la difficulté d'avoir des instruments très-précis pouvant, à la distance de plusieurs mois, donner des résultats concordants.

Voyez plutôt ce qui arrive pour la source froide : des

DE PIETRA SANTA                                    7

observateurs sérieux, munis de thermomètres très-sensibles, habitués à ce genre de recherches, n'arrivent-ils pas à un chiffre différent?

M. Filhol trouve 13.50, MM. J. François, de Piétra et Richard, 12.

En 1860, en nous appuyant sur des observations thermométriques, nous avions établi :

1° Que le refroidissement de l'eau minérale était plus prompt que celui de l'eau ordinaire préalablement portée à la même température ;

2° Que cette différence de refroidissement se manifestait surtout dans les premières minutes.

Un savant académicien, à qui nous avions communiqué ces premières conclusions, nous a répondu que cela ne pouvait être.

Pour lui, l'eau thermale et l'eau échauffée au même degré doivent avoir la même capacité calorifique. La précision des instruments ne signifie rien, il faut seulement savoir varier les conditions du problème, et faire, autant que possible, une eau artificielle analogue à celle que l'on expérimente.

Il nous est pénible de nous mettre en opposition flagrante avec un membre de l'Institut, mais nous ne pouvons accepter cette manière de poser le problème.

Avant de trouver l'explication d'un fait, il faut le constater d'une façon irrécusable.

Pour nous, il est indubitable que l'eau minérale de la
Buvette se refroidit plus vite que celle du Torrent portée à la même température de 32°.

Nous le prouvons par le tableau ci-joint :

SALLE DE RESPIRATION, 2 juillet 1861, 1 heure après-midi.

Température de la salle  15 80
—       extérieure   15 »

EAU DE LA BUVETTE A 32°.

Après 5' — 10' — 15' — 20' — 25' — 30' — 35' — 40' — 45'
  30.20  29   27.80 27.20 26.50 25.90 25.20  24.70  24
— 50' — 55' — 60'
  23.70 23.30 22.70

EAU DU TORRENT PORTÉE A 32°.

Après 5' — 10' — 15' — 20' — 25' — 30' — 35' — 40' — 45'
  31.20 29.40 28.50 27.50 26.50 25.90 25.20  24.70 24.30
— 50' — 55' — 60'
  23.60 23 »  22.80

REFROIDISSEMENT PROGRESSIF DE L'EAU DE LA BUVETTE A 32° DANS UN
CABINET DE BAINS.

Après 5' — 10' — 15' — 20' — 25' — 30'
  30 »  29.70 28.70  28 »  27.70  27 »

BAINS A 54°.

Après 5' — 10' — 15' — 20' — 25' — 30' — 35' — 45' — 50'

32

Si l'on nous demandait le pourquoi du phénomène, nous n'aurions aucune difficulté à avouer que nous n'avons pas encore pu surprendre sur ce point les Secrets de dame Nature!

Dans un bain-marie à 70°, l'eau de la Source froide et l'eau du Torrent en expériences à 16° se sont échauffées inégalement. (11 juillet 1861.) Température intérieure, 19°; température extérieure, 21°.

| Après | 5' | 10' | 15' | 20' | 30' | 45' | 50' |
|---|---|---|---|---|---|---|---|
| Source froide | 30.50 | 36 | 39 | 40.80 | 41.20 | 40.60 | 40 |
| Torrent | 52 | 38 | 41 | 42 | 41.60 | 41 | 40 |

L'eau du bain-marie était réduite à ce moment à 40° 50.

Comme on le voit, notre observation de 1860 se confirme en 1861.

La différence se manifeste toujours dans les premières minutes; puis, à mesure que l'on s'éloigne, l'équilibre s'établit entre les deux températures. Cette circonstance avait échappé à MM. Lebert et Fontan.

Les résultats qu'ils ont enregistrés sont exacts; ils concordent avec les nôtres, seulement les conclusions qu'ils en tirent ne sont pas aussi vraies, parce qu'ils n'ont pas suivi les phénomènes dans les premiers instants de leur manifestation.

Ces études sont trop intéressantes pour que nous n'en fassions pas l'objet de recherches ultérieures.

# CHAPITRE VII

## LES BAINS

En décrivant la salle de la Buvette, nous avons vu que dans le compartiment du milieu s'ouvraient à droite et à gauche deux corridors conduisant aux cabinets de bains.

Ils sont au nombre de dix et contiennent onze baignoires; l'un d'eux renferme en outre les ajutages pour les douches de toute nature.

L'on a fait cette année des réparations très-utiles : les cabinets (2 mètres de profondeur, 2 mètres de largeur, 8 mètres de hauteur), sont bien éclairés et parfaitement ventilés; les baignoires en marbre blanc font face à la porte d'entrée.

Nous demanderions seulement quelques aménagements de peu d'importance, mais commodes, entre autres la libre disposition d'un thermomètre. L'implantation des robinets à la partie inférieure des baignoires a donné lieu à quelques accidents par l'augmentation exagérée de la température de l'eau; celle-ci provient des sources supérieures d'en bas et du rocher.

Il n'entre pas dans notre plan de faire l'historique des bains que nous retrouvons dans l'antiquité la plus reculée; nous rappellerons seulement que les auteurs grecs et Paliphate expliquent par l'emploi des bains de mer les succès de Médée, cette enchanteresse si habile à rajeunir les vieillards.

Tout le monde connaît le rôle que ces agents hygiéniques jouaient dans la vie des Romains, et chacun peut se faire une idée de leur valeur thérapeutique en voyant aujourd'hui la prospérité incessante de nos établissements thermaux.

Les bains de Bonnes doivent selon nous acquérir une plus grande importance dans le traitement des affections spéciales à la station.

Nous invoquerons sommairement les idées que nous avons développées plus haut.

Convenablement administrées en bains, les Eaux-Bonnes exercent sur le système tégumentaire une action puissamment modificatrice et directe, qui, dans certains cas, vient en aide aux efforts de la médication sulfureuse interne.

Lorsque l'inefficacité ou l'intolérance de la boisson se lie à un état particulier de sécheresse de la peau, en rendant à celle-ci par les bains la perméabilité et la souplesse dont elle est privée, l'on favorise le travail d'expansion révulsive qui s'opère dans l'organisme, et l'on obtient des modifications mieux caractérisées.

Pour obtenir ces heureux résultats, il serait urgent de conserver aux diverses sources leur minéralisation primitive.

Il ne suffit pas d'affirmer que les bains de Bonnes sont efficaces, actifs, toniques; plus efficaces, plus actifs et plus toniques que les bains des autres thermes de la chaîne; comme ils sont employés dans les cas où la médication sulfureuse est indiquée, il faut avant tout qu'ils renferment une dose notable de soufre.

Sous ce rapport, il y a beaucoup à faire : écoutons plutôt M. le professeur Filhol.

« L'eau de Bonnes n'étant pas assez chaude pour être utilisée en bains, on a pris le parti de faire chauffer tous les jours une certaine quantité d'eau minérale qui sert à réchauffer le bain jusqu'au point jugé convenable par les médecins.

7.

« L'eau qu'on fait chauffer est celle de la Source nouvelle. L'eau chaude ne contenait, au moment où je l'ai examinée, que $0^g,009$ de sulfure de sodium par litre.

« L'eau de la Source vieille, prise au robinet des baignoires, n'absorbe plus que $0^g,038$ d'iode par litre.

« La richesse réelle de l'eau en sulfure se réduit donc $0^g,007$. L'essai sulfhydrométrique exécuté sans corrections indiquerait une richesse de $0^g,011$. L'erreur qu'il ferait commettre dans le dosage du sulfure serait de 36 pour cent.

« On conçoit d'ailleurs que l'altération de l'eau peut varier d'un jour à l'autre et même à diverses heures de la journée; elle est plus ou moins grande, suivant que l'eau minérale a séjourné plus ou moins longtemps dans le réservoir et que celui-ci contient plus ou moins d'air.

« Quoi qu'il en soit, ces essais montrent que la conservation de l'eau destinée aux bains n'*a pas atteint à beaucoup près le degré de perfection* auquel on est parvenu, pour l'eau destinée à la boisson. Il importerait de réduire autant que possible la capacité des réservoirs et d'empêcher l'air de s'y renouveler. Il vaudrait mieux encore les mettre en communication avec un gazomètre rempli d'azote. »

Le remède indiqué par M. Filhol a été appliqué par le ministère de la guerre avec un succès complet à l'établissement militaire d'Amélie-les-Bains, sous l'habile et intelligente direction de MM. Poggiale et J. François, mais comme il est très-coûteux, l'on pourrait se borner, pour le moment, à mettre en pratique des améliorations moins onéreuses.

A ce sujet, nous ne pouvons nous dispenser de critiquer le réservoir que l'on vient de construire entre l'établissement et la Source froide.

Le rapport officiel de M. Filhol vous démontre que dans l'état actuel, les eaux contiennent peu ou pas de soufre; pour disposer d'une plus grande quantité d'eau, vous la placez dans les conditions les plus mauvaises de conservation intégrale. Vous ne profitez pas des expériences faites à Amélie; vous ne cherchez même pas à déterminer si l'on n'aurait pas une déperdition moins grande de soufre, en réchauffant l'eau minérale avec une certaine quantité d'eau ordinaire portée au point d'ébullition.

Si la commune n'avait pas les moyens de faire une grande dépense, jugée indispensable, il ne fallait pas lu imposer une dépense assez notable et qui n'aboutit qu'à un résultat médiocre.

Nous avons jusqu'ici constaté, d'une part l'utilité des bains, de l'autre l'importance de maintenir la minéralisation de l'eau.

Nous ne ferons qu'indiquer la nécessité reconnue par

tous d'augmenter le nombre des baignoires et de distribuer plus convenablement les heures de bains.

Nous serions heureux de voir prendre à M. le médecin-
inspecteur la haute position que lui assignent d'avance,
et son talent et sa valeur personnelle.

Pour nous, il doit être le maître absolu, souverain.

Il nous représente le capitaine à bord d'un bâtiment
de guerre, veillant à tout, se montrant partout, mais fier
de sa responsabilité et toujours omnipotent.

Que si sa modestie s'effrayait d'un pareil rôle, nous
mettrions volontiers sous ses yeux cette réflexion pleine
de sens du docteur Viallanes.

« Ce qui fit surtout le succès rapide des eaux minérales, c'est que les médecins reçurent le nom de surin-
tendants des eaux ; les autres étaient seulement des
propriétaires, des fermiers, des régisseurs, c'est-à-dire
presque rien à côté des médecins. »

## BAINS DE PIEDS

Les bains de pieds (pédiluves) se sont généralisés d'une manière étonnante dans ces derniers temps.

C'est un petit moyen qui n'est pas à dédaigner ; son action dérivative ou révulsive empêche parfois des congestions de se localiser trop activement sur les poumons.

Quant à l'absorption des principes minéralisateurs, qui peut se faire dans un aussi petit espace (pied plongeant à la hauteur de la cheville) et dans un temps aussi limité (cinq à dix minutes), nous pensons qu'elle est très-minime.

Aussi, nous ne comprenons pas l'utilité de l'addition de quelques grammes d'eau de laurier-cerise. Nous sommes désolés de n'avoir pu remonter à l'origine de cette singulière innovation.

L'idée doit appartenir, tout au moins, à un droguiste retiré des affaires, rempli d'affectueuse bienveillance pour les membres de sa corporation. Nous ne disons rien des modifications que réclame la salle des bains de pieds, car nous savons qu'elle ne sera pas oubliée dans la nouvelle installation de l'établissement.

## DOUCHES

Nous avons dit qu'il n'existait qu'un cabinet de bains possédant les ajutages des douches, mais comme les douches peuvent constituer, dans un moment donné, de puissants modificateurs, nous espérons en voir bientôt multiplier et le nombre et la qualité.

Nous recommanderions surtout l'installation de certaines douches pour dames fonctionnant aux Eaux-Chaudes à leur grande satisfaction et à leur incontestable profit.

Nous appelons aussi de tous nos vœux le moment où dans une chambre particulière, les malades pourront se servir convenablement des appareils destinés à porter dans la gorge et l'arrière-gorge, soit l'eau minérale en nature, soit des liquides chargés d'éléments minéralisateurs spéciaux.

L'appareil de notre excellent confrère, le docteur Lambron, les pulvérisateurs de M. Sales-Girons et Fournié (de l'Aude), le néphogène Mathieu, trouveront dans des cas particuliers les applications spéciales les plus heureuses.

## GARGARISMES

L'utilité des gargarismes ne saurait être mise en doute.

Dans les affections plus ou moins chroniques du pharynx et de la région laryngée, ils sont appelés à rendre des services; seulement il faut en surveiller très-attentivement l'emploi et en déterminer avec intelligence l'opportunité.

En étudiant les effets physiologiques et thérapeutiques des Eaux-Bonnes, on voit que l'une de leurs manifestations les plus promptes et les plus constantes, c'est la coloration rouge des muqueuses du voile du palais par suite de l'engorgement des parties environnantes.

Ce phénomène constitue par conséquent un véritable

thermomètre pour mesurer le plus ou moins d'impressionnabilité de l'organisme. Dès lors, il est facile de concevoir l'importance qu'il y a à ne pas se priver de ce moyen d'investigation.

En portant directement l'eau minérale sur les parties malades, vous suscitez nécessairement un état congestif local et vous ne pouvez plus faire la part de ce qui appartient à l'action générale de l'eau, et de ce qui se réfère à l'action topique.

« Le traitement se trouve dès lors forcément paralysé, disait M. Darralde; comment, par exemple, doser les eaux du moment que l'excitation qui devait vous servir de mesure et de guide est subordonnée à des influences étrangères. N'êtes-vous pas exposés à attribuer aux topiques ce qui est l'effet des eaux, ou aux eaux ce qui est le fait des topiques? »

Parmi les confrères qui pensent qu'il est avantageux de diriger sur le siége même des granulations, des topiques plus ou moins stimulants ou des douches sulfureuses, afin d'accroître ou de produire l'excitation thermale, nous placerons en première ligne M. Guéneau de Mussy.

« Je regarde comme incontestable l'utilité de la médication topique chez un grand nombre de malades. »

Dans cette question, comme dans beaucoup d'autres, la vérité se trouve entre les opinions extrêmes.

Nous n'approuvons ni la trop grande réserve de Darralde, ni l'enthousiasme de M. G. de Mussy. Il est du reste un moyen de conciliation très-simple, c'est de n'avoir recours aux gargarismes et aux topiques locaux, qu'après plusieurs jours du traitement thermo-minéral.

De cette manière, vous vous éclairez par la manifestation du phénomène et vous pouvez ensuite, en agissant d'une manière plus énergique sur l'affection locale, regagner facilement le temps perdu.

Il ne faut jamais abuser de rien, dit-on, même des bonnes choses, et dans l'espèce de la médication topique, le médecin réglera sa ligne de conduite en réfléchissant à ces deux propositions :

1° La guérison des angines glanduleuses par le seul usage des eaux sulfureuses est un fait d'observation commune ;

2° Le plus souvent les malades affectés de granulations n'arrivent aux eaux qu'après avoir été soumis en vain à des cautérisations.

# CHAPITRE VIII

## LA PULVÉRISATION·

Longtemps la médication par les eaux minérales s'est effectuée de deux manières : le bain et la buvette; ce n'est que plus tard qu'a été introduit l'usage des vaporariums.

L'une des dernières communications faites à l'Académie des sciences, par le baron Thénard, portait précisément sur les eaux du Mont-Dore.

Après une série d'études et d'analyses, l'illustre chimiste avait reconnu :

Que les vapeurs d'eau minérale, dans les appareils ordinaires d'inhalation, ne peuvent point conserver les minéraux fixes qui caractérisent cette eau, et que ces vapeurs entraînent d'ordinaire avec elles des fragments d'eau minérale en nature ou qui n'a pas été vaporisée. (particules dites d'entraînement dans la physique indus-trielle.)

Quels étaient à ce moment les principes thérapeuti-ques, sur ce point spécial, ayant cours dans la science?

Mascagni avait dit : « Si jamais on découvre un spé-cifique contre la phthisie, c'est par les bronches qu'il devra pénétrer l'organisme. »

Cette idée de porter sur les bronches non pas seule-ment les gaz et les principes entraînés d'une manière telle quelle par les vapeurs aqueuses, mais les prin-cipes fixes des eaux minérales conservés intégralement, avait inspiré au docteur Buisson une disposition spé-ciale.

A Lamothe-les-Bains, dans le vaporarium, se trouve une colonne d'eau se précipitant de la hauteur de 7 mè-tres par un grand nombre de petits trous : les divers filets d'eau qui en résultent viennent se briser contre les parois de la salle, formant ainsi une grande douche en tête d'arrosoir.

D'autre part, le docteur Sales-Girons, après avoir établi les conditions requises pour faire le meilleur mé-dicament des affections de poitrine, installait à Pierre-fonds, avec le concours de M. de Flubé, un appareil au moyen duquel on obtient de la poussière, ou ce qu'ils appellent la poudre d'eau minérale. Le principe mécanique est d'une simplicité remarquable.

Un filet d'eau capillaire, continu, comprimé, est lancé avec la pression de trois à quatre atmosphères, de manière à venir se briser contre un petit disque immobile placé à 7 centimètres de son origine. L'eau se fragmente en poudre fine avec une division capable de simuler un nuage de poussière, une fumée blanchâtre.

C'est cette poussière extraordinairement fine et divisée d'eau minérale, que les malades doivent aspirer en ouvrant la bouche sans efforts.

En portant nos études sur la vérification de ces principaux phénomènes, nous nous sommes posé ces trois points d'interrogation :

1° Cette poussière est-elle bien et dûment de l'eau fragmentée et persistante dans toute son intégrité native?

2° Les particules réduites à l'état fragmentaire pénètrent-elles effectivement très-avant dans les bronches?

3° Peut-on déterminer d'une manière précise les effets thérapeutiques spéciaux à ce nouveau mode d'inhalation?

La salle de respiration des Eaux-Bonnes a été installée par le savant ingénieur en chef des mines, M. Jules François, qui a adopté le système de MM. Sales-Girons et de Flubé.

Au-dessus d'une grande vasque en fer-blanc, s'élèvent trois colonnes de fonte; celle du milieu se subdivise en quatre branches donnant issue à quatre jets d'eau; les deux autres n'ont que deux branches et quatre petits disques.

L'appareil est alimenté par la source de la Buvette (vieille source).

Dans un cabinet limitrophe se trouvent :

1° Le petit tonneau qui sert de récipient;

2° La pompe aspirante et foulante, surmontée de son manomètre, qu'un seul ouvrier manœuvre avec facilité;

3° Le réchaud portant à la température de 45° à 50°, l'eau ordinaire dans laquelle plonge le serpentin qui amène l'eau minérale.

Lorsque l'appareil est en pleine activité, on voit l'eau très-finement pulvérisée s'élever un peu au-dessus des colonnes, puis retomber en donnant naissance au nuage poudreux dans un rayon de 50 à 60 centimètres.

Comme cette installation n'est que provisoire, nous n'insisterons pas sur ses inconvénients pour les personnes; obligées de se tenir debout, poussées instinctivement à se pencher le plus près possible des colonnes, elles éprouvent de la fatigue, des lumbago, de la céphalalgie, sans compter le désagrément de l'humidité et les effets nuisibles d'incessantes variations de température.

La température de l'eau à la source est de 31° 1/2;
dans le trajet pour arriver au tonneau, elle perd 1° 1/2;
elle traverse la pompe, le serpentin chauffé à 45° en
moyenne, et parvient au point de pulvérisation avec
une chaleur de 30 à 31°.

Dès qu'elle est brisée, dans l'intérieur même des
branches, c'est-à-dire à quelques centimètres de distance, elle n'a plus que 18°, et elle ne pénètre dans
l'intérieur du corps qu'avec une chaleur représentée
par 17° en moyenne.

Voilà donc un premier phénomène de la plus grande
importance ; par le seul fait de son extrême division,
l'eau minérale de Bonnes éprouve une perte considérable de calorique. Elle descend de 31° à 18°.

En même temps que l'eau se poudroie sur les disques,
une partie des globules imperceptibles se vaporise; et,
au milieu de ce nuage, s'élève une vapeur qui remplit
bientôt la salle et qui impose la nécessité de renouveler
l'air à plusieurs reprises ; cette vapeur a nécessairement
une température plus élevée, variant de 26° à 28°, selon
la plus ou moins grande déperdition du calorique de
l'eau prise à son point de pulvérisation et à sa limite
d'aspiration.

Cet air est naturellement imprégné de beaucoup
d'humidité, et quel que soit le point sur lequel j'aie
placé l'hygromètre, l'aiguille a toujours dépassé le

maximum indiqué sur l'échelle Saussure par le chiffre
100.

Constater de pareils phénomènes, montrer qu'une
personne est plongée dans une atmosphère de vapeur
de 26° à 28° pendant qu'elle aspire de l'eau poudroyée
à 18°, alors que la température extérieure diffère sensi-
blement de celle indiquée par un thermomètre suspendu aux parois de la salle, c'est signaler les causes
essentielles des accidents qui devaient se produire, et
qui se sont traduits par des malaises, des céphalalgies,
des syncopes.

A son passage aux Eaux-Bonnes, le savant inspecteur
du service de santé, le docteur Maillot, fut surpris de la
sensation de froid qu'on éprouvait au moment où l'appareil commençait à fonctionner, alors qu'il n'y avait
encore aucune production de vapeur d'eau.

C'est là une source permanente de rhumes.

A tous les instants de la journée, l'odeur sulfureuse
était plus manifeste dans la salle de respiration que sur
les autres points de l'établissement.

Les papiers ozonométriques suspendus aux parois ne
nous ont jamais dénoncé aucune variation de couleur.

Dès nos premières séances dans la salle de pulvérisation, malgré le soin que nous mettions à faire de longues et lentes inspirations, nous n'éprouvions aucune
sensation au fond de la gorge; un premier malade,

atteint d'une ulcération à la hauteur des cordes vocales (visible au laryngoscope); un second, atteint d'aphonie, avec granulations de la muqueuse des cartilages du larynx, n'avaient éprouvé, au bout de douze jours, aucune modification. Comme par la disposition de l'appareil, l'eau pulvérisée tend à retomber immédiatement, alors qu'il faudrait une force d'impulsion pour la pousser vers la gorge, à l'image du vent qui, sur le rivage de la mer, chasse la poussière de la vague qui se brise sur le rocher, nous respirâmes et fîmes respirer à ces deux messieurs l'eau pulvérisée par le petit appareil Charrière, et, malgré l'addition préalable de 15 grammes de sel, aucun de nous n'éprouva de sensation à l'intérieur.

Quelques essais de réactions obtenues sur la transpiration et les urines nous ayant donné des résultats négatifs, pendant que nous obtenions des manifestations positives par l'ingestion de doses assez minimes d'eau minérale, nous nous demandâmes si l'eau pulvérisée pénétrait réellement dans l'organisme.

D'après l'analyse Filhol, les principes minéralisateurs les plus importants des Eaux-Bonnes sont :

Le sulfure de sodium et le chlorure de sodium.

Donc, en versant dans l'Eau-Bonnes une solution de nitrate d'argent, il doit se former :

Un sulfure d'argent (noir),

Un chlorure d'argent (blanc).

On voit en effet, à ce moment, un double nuage blanc et noirâtre, puis il se dépose au fond du verre un précipité jaunâtre foncé. Par l'acétate de plomb, il se forme:

Un sulfure de plomb et un chlorure de plomb en partie soluble.

Cette double décomposition donne aussi naissance à un double nuage, et à la précipitation d'un dépôt noirâtre.

Nos doutes sur la pénétration de l'eau pulvérisée ayant été partagés par nos honorables confrères, nous arrêtâmes une série d'expériences sur les animaux, avec les ressources restreintes qui se trouvaient à notre portée.

Première expérience. — Le 9 juillet 1860, nous prenons un chevreau âgé de deux mois; nous le forçons à respirer, pendant un quart d'heure, dans une atmosphère chargée de la poussière d'eau obtenue au moyen du pulvérisateur portatif construit par M. Charrière fils, sur les indications du docteur Sales-Girons.

L'animal est tué par strangulation.

Aucune réaction ne se manifeste dans le larynx, les grosses et les petites bronches; rien dans les cellules profondes du tissu pulmonaire.

Deuxième expérience. — Le 11 juillet, nous faisons respirer à un lapin l'eau pulvérisée provenant d'un liquide chargé de sulfate de fer; en y versant quelques gouttes d'une solution de prussiate de potasse, l'on obtient une teinte bleue bien caractérisée.

Au bout de vingt minutes, le lapin est étranglé sur place; le thorax est ouvert.

En portant un pinceau imbibé de réactif sur les lèvres, le voile du palais, les côtés de la langue, l'isthme du gosier, nous produisons une coloration bleue.

Mais quand nous avons voulu, avec la plus scrupuleuse attention, essayer de faire naître la réaction bleue sur les parties latérales du larynx, dans les grosses bronches, dans les petites, dans le tissu pulmonaire lui-même, il nous a été impossible de constater la moindre altération de nuance.

Notre TROISIÈME EXPÉRIENCE fut entreprise le 16 juillet dans la salle de pulvérisation; chacun de nous prend un lapin et le maintient à quelques centimètres des colonnes de l'appareil, au milieu d'un nuage de vapeur et d'eau pulvérisée. La respiration de l'animal se précipite de plus en plus, et il fait, de temps à autre, des efforts pour se soustraire à cet exercice incommode.

Au bout de vingt minutes, nous tuons successivement les deux lapins, par la section de la moelle allongée; nous ouvrons les cavités, et recherchons avec soin les traces d'une réaction chimique par l'acétate de plomb et le nitrate d'argent.

Bien que nos réactifs, fussent assez sensibles pour
déceler la présence du sulfure et du chlorure de sodium
dans l'eau pulvérisée qui retombait dans la vasque,
nous n'obtenons aucun indice dans les diverses parties
des viscères soumis à nos investigations.

Comme nous avions passé plus d'une demi-heure au
milieu des nuages d'eau pulvérisée, au point d'en res-
sentir un violent mal de tête, nous procédâmes à une
lente et longue expiration dans un vase rempli d'eau
chargée d'acétate de plomb, mais avec un résultat
complétement négatif. Pas le moindre trouble dans la
transparence du liquide.

Pendant l'expérience précédente, nous étant aperçus
que la coloration, par les réactifs, de l'eau pulvérisée
quand elle retombait dans la vasque, était moins accentuée que celle de l'eau de la Buvette, nous voulûmes
étudier la question de plus près.

Dans trois verres à bordeaux, d'égale dimension, on
plaça :

De l'eau de la Buvette, A.

De l'eau pulvérisée recueillie en l'air, dans le nuage
poudreux, B.

De l'eau pulvérisée quand elle est retombée dans le
récipient, C.

Par l'acétate de plomb comme par le nitrate d'argent,
avec le même nombre de gouttes, les réactions très-

manifestes dans A, devenaient moins apparentes dans B
et dans C, et, le lendemain, pendant que nous constations dans A un précipité pulvérulent assez abondant et
de couleur noirâtre, on rencontrait à peine dans B et
dans C des traces d'un dépôt jaunâtre.

La constance d'apparition des mêmes phénomènes
était pour nous la preuve la plus évidente de la diverse
minéralisation de l'eau de la Buvette, avant et après sa
pulvérisation.

Résolu d'appeler sur ce fait important l'attention
d'un chimiste familiarisé avec des études aussi délicates,
nous communiquâmes à M. le docteur Poggiale nos
observations et nos doutes.

Voici, à la date du 8 septembre 1860, les résultats des
analyses du savant chimiste :

Eau de la Buvette (sulfure de sodium par 1,000)   0ᵍ,0235
Eau pulvérisée                    id.              0ᵍ,0004

« Comme vous voyez, ajoute M. Poggiale, l'eau pulvérisée ne contient plus que des traces de sulfure de
sodium. »

Sur nos instances, notre très-obligeant confrère a
bien voulu instituer d'autres analyses comparatives.

Le 14 septembre, une bouteille d'Eau-Bonnes, prise
à la pharmacie Cadet-Gassicourt, est soumise à l'ana-

8.

lyse; M. Poggiale y constate 4 divisions 5/10, avec le sulfhydromètre Dupasquier, ce qui représente :

0,0056 de soufre,
et 0,0060 d'acide sulfhydrique,

c'est-à-dire après les calculs préalables,

0,0136 de sulfure de sodium.

Une seconde bouteille est versée dans un ballon porté à la température de 60° centigrades; puis, placée dans un flacon bouché à l'émeri; comme, à cette température, la réaction ne peut s'effectuer, on attend un peu son refroidissement, mais on n'obtient plus que le chiffre de 4 divisions 2/10. Par conséquent, par le seul fait de la chaleur, il y a une déperdition de 3/10 de divisions dans la sulfuration de l'eau.

Le 29 septembre, M. Poggiale procède, dans le laboratoire du Val-de-Grâce, à l'analyse d'Eaux-Bonnes, prises à la pharmacie Mialhe.

Il trouve dans la première bouteille 8 degrés sulfhydrométriques, ce qui correspond à 0gr.024 de sulfure de sodium.

Nous versons la deuxième bouteille dans un des appareils mis très-gracieusement à notre disposition par M. Charrière; l'eau pulvérisée est recueillie dans une grande cloche en verre, et lorsque M. Poggiale vient à lire les degrés sufhydrométriques, il constate le chiffre de 1,9, ce qui indique une quantité de sulfure de sodium représentée par $0^{gr},005$.

Que devient ce sulfure de sodium?

En présence de l'oxygène de l'air, ce sulfure, dissous dans de l'eau très-divisée, se transforme en divers sels, tels que les hyposulfites, les sulfites et les sulfates de soude.

De pareils résultats n'ont pas besoin de commentaires; et, sobre de conclusions, nous nous bornerons à rappeler ces trois faits importants :

1° Dans l'acte de sa pulvérisation, l'eau thermo-minérale de Bonnes perd une très-grande quantité de calorique. Pulvérisée à 31 degrés, elle n'arrive, au point d'aspiration, qu'à 17 ou 18 degrés.

2° La seule élévation de température de l'eau de Bonnes à 60 degrés, lui fait perdre une partie de sa sulfuration. (Quantité représentée par 3/10 de divisions du sulfhydromètre Dupasquier.)

3° Par sa pulvérisation, l'eau de Bonnes perd la très-grande partie du sulfure de sodium qui en forme un de ses éléments minéralisateurs les plus importants.

L'analyse chimique n'en trouve plus que des traces !

De pareilles conclusions devaient naturellement amener une discussion sérieuse, ébranler les convictions des uns, susciter les doutes et les dénégations des autres.

Mais avant tout, nous étions heureux d'obtenir le témoignage de l'un des hommes les plus compétents en hydrologie, de M. J. François, ingénieur en chef des mines.

Voici la lettre qu'il nous adressait en date du 27 janvier 1861 :

« Mon cher docteur, le fait que vous développez dans votre excellent travail, que l'eau pulvérisée est à peu près complétement désulfurée, se trouve corroboré par l'appréciation suivante de M. Filhol. Ce chimiste si distingué m'écrivait, le 12 novembre dernier, alors que je recherchais les conditions dans lesquelles un volume déterminé d'une eau sulfureuse pouvait jeter le plus d'hydrogène sulfuré dans une salle d'inhalation, et cela en vue de l'installation du nouvel établissement de Marlioz, M. Filhol, dis-je, m'écrivait :

« Il résulte des observations qu'il ne faut pas trop
« multiplier le contact de l'eau et de l'air. On favorise
« ainsi l'appauvrissement en oxygène. Vous ne sauriez
« croire le peu d'hydrogène sulfuré qui existe dans
« certaines salles de pulvérisation, et pourtant l'eau
« sulfureuse y perd une portion très-notable de son
« degré sulfhydrométrique; mais loin d'émettre beaucoup

« de gaz, elle s'enrichit en hyposulfites et en sulfates ..»

« En outre, il résulte des essais sulfhydrométriques faits par M. Bonjean, de Chambéry, et par moi cet hiver, sur l'eau de la salle d'inhalation de Marlioz, que cette eau, par le seul fait de son brisement en gerbe contre un disque conique, a perdu dans un temps très-court (celui du choc et de la chute) tout son hydrogène sulfuré libre ou combiné. L'enrichissement en hyposulfite a été très-marqué. Après le choc sur le disque conique, le titre sulfhydrométrique se rapportant soit au sulfure, soit au gaz libre était nul.

« Vous le voyez, mon cher docteur, ces faits et appréciations viennent corroborer vos observations et celles du savant docteur Poggiale. »

Nous ne voulons pas abuser de la bienveillance de nos lecteurs, en venant énumérer et discuter ici les objections plus ou moins spécieuses qui ont été adressées à nos recherches.

Dans un Mémoire lu à l'Académie impériale de médecine, nous nous sommes efforcés de donner une réponse satisfaisante à ces trois points d'interrogation.

1° Comment ont été formulées les principales objections?

2° Quels ont été les nouveaux travaux publiés sur la matière?

3° Quel est le résultat de nos nouvelles recherches (1861)?

L'accueil bienveillant fait à notre lecture nous confirme dans nos idées ; nous avons revendiqué nos droits à des expériences que l'on a répétées, sans faire allusion à nos recherches, et maintenu la vérité des principes signalés pour la première fois par nous.

Nous demandons la permission de donner le résumé de notre lecture. Ceux qui ne prendront pas d'intérêt à cette question tourneront la page et passeront outre.

Dans mes nouvelles études de cette année :

J'ai constaté la désulfuration de l'eau minérale de Bonnes en suivant les indications qu'avait bien voulu me donner M. Poggiale.

Mes relevés thermométriques ont été opérés au moyen d'instruments précis (Baudin). L'étude clinique la plus attentive, faite dans la salle même de pulvérisation, à tous les instants de la journée, sur un très-grand nombre de malades, se prêtant de très-bonne grâce à une enquête sérieuse, m'a prouvé :

1° Que l'eau minérale pulvérisée ne pénétrait pas dans l'arrière-gorge ;

2° Que le fait de l'immersion de la figure dans une poussière d'eau refroidie, alors que le corps était enveloppé d'une vapeur d'eau à une température élevée, constituait une source permanente de rhumes ;

3° Que le soulagement momentané que certaines personnes atteintes d'asthmes ou de pharyngites granuleuses ont accusé, doit se rapporter à l'inspiration du gaz acide sulfhydrique qui se dégage dans la salle par le fait même du brisement de l'eau minérale.

Que conclure de ces travaux et de ces recherches?

D'une part, l'abaissement considérable de la température de l'eau par le fait de la pulvérisation; de l'autre, la perte considérable du sulfure de sodium dans l'acte de cette pulvérisation.

Et comme conclusions pratiques les seules intéressantes :

1° La suppression de la salle de pulvérisation des Eaux-Bonnes ;

2° La création d'une salle d'inhalation à l'instar de celle de Lamothe-les-Bains, par exemple :

( Vaporarium à la partie inférieure, colonne d'eau venant se briser, se fragmenter à la partie supérieure, pour répandre dans cette atmosphère une plus grande quantité d'acide sulfhydrique.)

Mais nous allions empiéter sur le domaine du savant ingénieur; qu'on donne à M. J. François toute la liberté d'action, et il nous gratifiera de la salle d'inhalation la plus conforme aux besoins des malades, la plus en harmonie avec les nouvelles données de la science.

3° La possibilité de pouvoir utiliser pour certaines

affections de la gorge, des appareils destinés à faire
pénétrer dans la bouche, avec une force d'impulsion
modérée, des douches d'eau minérale ou de la poussière
d'eau préalablement chargée de principes médicamenteux particuliers.

# TROISIÈME PARTIE

## TRAITEMENT DES MALADES PAR LES EAUX-BONNES

# CHAPITRE PREMIER

## INTERVENTION DU MÉDECIN

L'importance du rôle du médecin dans l'administration des eaux minérales est si grande, si incontestable que dans tous les livres, précis ou guides consacrés à leur étude, on trouve sur cet objet un chapitre spécial, un paragraphe particulier.

Convaincus de cette utilité, nous ne saurions trop blâmer certaines théories que des gens du monde formulent en ces termes : « La médecine des eaux est très-facile; c'est une affaire de patience. Une source est-elle plus ou moins active? Commencez par prendre quelques cuillerées ou quelques verres, puis augmentez progressivement la dose, selon que vous la supporterez plus ou moins bien, selon que vous aurez plus ou moins de temps à consacrer à votre traitement. »

Ce sont là malheureusement des erreurs d'autant plus nuisibles qu'elles sont plus répandues; elles sont fécondes en déceptions, nous ajouterons même en désastres.

En présence de maladies essentiellement graves et qui déjouent souvent tous les expédients de la thérapeutique, il faut au médecin toutes les ressources de son art, de son intelligence, de son énergie, pour se roidir contre le mal, et l'attaquer avec avantage.

L'eau minérale est un agent efficace, un élément actif dans l'ensemble des modificateurs généraux, mais ce n'est qu'un élément : au médecin seul appartient la connaissance et l'emploi des autres agents thérapeutiques, hygiéniques et moraux. Demander au premier conseilleur venu ces notions que nous avons recueillies à grand'peine dans les hôpitaux et les amphithéâtres, c'est exiger l'impossible. Du reste, avant d'approfondir davantage ce sujet, interrogeons des écrivains plus autorisés que nous.

Écoutons d'abord le langage pittoresque de Théophile Bordeu :

« Les chimistes ne méprisent plus les eaux minérales, et ils commencent à rejeter leurs eaux artificielles, leurs élixirs, leurs quintessences. Les remèdes préparés par la nature prennent faveur. Les fées ne sont plus les matresses des sources (hou de las hadez). Les sorciers et les loups garous n'y font plus leurs sabbats, les boucs et les chèvres-pieds n'exercent plus dans ces lieux leurs mauvais présages pour les devins et les astrologues. »

Dans sa sixième lettre, il écrit :

« Plus les eaux minérales paraissent salutaires, plus elles sont faciles à prendre, plus aussi elles sont pernicieuses quand on en use sans précautions. Il est sur ce point des abus qu'on doit réformer. Il est tant de personnes qui, sans aucune connaissance de l'économie animale et de ce qui lui convient, se mêlent néanmoins d'ordonner. Que de malades qui sont victimes de leur crédulité!

« Je voudrais au moins que l'on arrêtât la passion que tant de personnes ont pour ordonner : ce ne sont que précieuses, que fades plaisants, que de prétendus gens d'esprit qui, sans la moindre connaissance de l'économie animale ou de ce qui lui convient, osent se décider en maîtres, briguer pour ainsi dire des pratiques à la source qui a guéri miraculeusement madame la marquise de *** ou M. le baron de ***. Il n'est personne qui ne se croie assez fort pour insinuer un petit mot d'ordonnance, un coup de dent contre le médecin ordinaire, un éloge pompeux de celui qu'on préfère! Tout est mis en œuvre, et... tandis qu'un médecin honnête homme tremble, un ignorant décide de tout, rien ne l'arrête. »

A une autre époque, il s'exprime en ces termes :

« Quoique les Eaux-Bonnes conviennent à beaucoup de personnes, je leur recommande bien de ne pas les prendre sans le conseil d'un bon médecin sur les lieux.

« Si chaque malade, en entendant parler des vertus merveilleuses de ce remède, prétend l'employer à sa fantaisie et sans être bien dirigé, il se trouvera certes fort mal de l'abus qu'il pourrait en faire. Ce qui, bien employé, guérit, devient un poison violent si on s'en sert inconsidérément. »

L'un des hommes qui ont étudié le plus consciencieusement ces eaux, M. Moreau combat avec force les préjugés des gens du monde, consistant à prendre les eaux à forte dose, et à se bercer de l'idée que si elles ne font pas de bien, elles ne font pas de mal !

« Si vous m'en croyez, si vous avez souci de votre santé, gardez-vous d'user des eaux, d'en essayer même avant d'avoir consulté un médecin. On ne sait pas soi-même se rendre compte de leur puissance, de leurs résultats, comme aussi de leurs dangereux effets dans un certain cas. »

Et il raconte à l'appui de son dire de malheureuses et lamentables anecdotes, qui, vraies hier, sont vraies aujourd'hui et seront vraies demain comme toujours.

« Cette Eau-Bonne, écrit Henri Nicolle, n'a l'air de rien; elle est très-douceâtre; à peine si sa saveur d'œufs couvés est sensible; et cependant il importe de ne point la prendre sans discernement, pour ne pas s'exposer à de tristes mésaventures. »

L'abbé Guilhou réclame l'intervention du médecin en s'appuyant sur d'autres considérations; il la demande pour aider la nature, quoique au dire de Montaigne « elle soit armée de dents et de griffes pour chasser la maladie. »

Il la demande, parce qu'il croit que l'influence morale est tout aussi utile que l'action des remèdes. Pourquoi ce distingué rhéteur n'a-t-il pas connu les belles pages que notre cher confrère le docteur Francis Devay écrivait naguère sur la médication morale?

Dans le chapitre qu'il consacre au médecin, M. Guilhou rappelle les paroles d'un écrivain de premier ordre, profond observateur de la nature humaine.

M. de Lamartine invite l'homme de l'art à mettre plus de cœur encore que de science dans sa pratique; il veut qu'il soit bon, parce que « la bonté est plus de la moitié de son génie. »

Il termine en lui rappelant cette touchante pensée :

« Que l'espérance est une grande force vitale, et qu'il faut encourager la vie surtout pendant qu'elle lutte avec la mort. » (Geneviève.)

Souvent, au lit des malades, dans le silence de la nuit, nous avons concentré avec bonheur nos méditations sur ces maximes aussi vraies qu'heureusement formulées, et nous aurions demandé volontiers qu'elles fussent inscrites sur les parois de nos cabinets de consultation, si nous n'avions la conviction qu'elles sont depuis longtemps gravées dans le cœur de nos confrères.

Oui, notre idéal à nous tous, c'est d'arriver à cette intimité de sentiments, à cette union de pensées qui nous constitue aussi bien le médecin du corps que celui de l'âme.

Vivre avec ses malades, de leur vie intellectuelle et morale, c'est mériter cette confiance sans bornes, cette prépondérance souveraine qui permet de consacrer au but que l'on poursuit son intelligence et son cœur.

*L'arte esiste*, s'écriait un jour à Florence le professeur Nespoli, *mancano gli artisti*!... Mais ces artistes, très-vénéré maître, se formeront en suivant votre noble exemple, et ils domineront les péripéties de l'existence et les petites misères de la profession de toute la hauteur de leurs sentiments !

A côté de ces raisons, que nous appellerons de convenance, il existe une série d'arguments scientifiques que nous allons exposer de notre mieux.

Nous demanderions d'abord la généralisation d'un usage que notre confrère le docteur Daumas préconise dans son livre instructif sur Vichy.

« Il serait à désirer que chaque malade, en venant aux eaux, apportât son histoire pathologique écrite par son médecin ordinaire, auquel nous transmettrions en retour les détails précis et les effets immédiats de la cure, et qui aurait ensuite à surveiller et à nous faire connaître les effets consécutifs du traitement. »

Nous avons adopté, pour notre part, cette ligne de conduite, parce que nous la croyons aussi utile aux intérêts des malades que conforme aux exigences de la dignité professionnelle. Nous n'avons le droit d'indiquer le traitement que doit suivre le malade en rentrant chez lui, que lorsqu'un confrère nous en aura fait la demande formelle. Dans la généralité des cas, à lui seul incombe le soin d'étudier l'évolution des phénomènes morbides, et de régler la médication en conséquence.

En étudiant l'action des Eaux-Bonnes, après avoir établi qu'elles sont très-actives, très-énergiques, à effets protéiformes, variant avec les conditions particulières des individus, se modifiant avec les transformations successives d'un même organisme, faisant sans cesse irruption sur les points les plus vulnérables, exigeant en conséquence une surveillance de tous les instants, nous reconnaitrons qu'elles suscitent des effets immédiats et des effets consécutifs; de là résultent des manifestations d'excitation générale et des symptômes de résolution locale.

Admettant pour un moment que le malade puisse se rendre compte des premières, pourra-t-il juger conve-

9.

nablement les secondes? Pratiquera-t-il lui-même l'auscultation et la percussion?

Comment pondérer ce qui est dû à la marche progressive de la maladie, et ce qui se réfère à l'action modificatrice de l'eau minérale?

Ce premier travail analytique de l'esprit, cette synthèse que nous formons plus tard avec les éléments que nous a fournis l'étude clinique, nous avons parfois beaucoup de peine à les coordonner, nous hommes de science et d'observation, et vous voudriez qu'un homme du monde, de but en blanc, pût se tirer d'affaire?

Finalement, si, comme nous essayerons de le démontrer, l'action médicatrice de l'eau sulfureuse est complexe, quelles données possédera-t-il pour déterminer l'organe ou le système qui ont été les plus impressionnés? Est-ce le système circulatoire? Sont-ce les fonctions de la peau? celles des reins? Et après avoir établi les indications, quelles sont les contre-indications qui peuvent surgir par la manifestation de certaines éruptions, de certains flux hémorrhoïdaux!

Mais arrêtons-nous, aussi bien l'esprit se perd au milieu de ces justes appréhensions, et les arguments en faveur de notre thèse se pressent en foule; sans vouloir abuser de ces avantages, nous dirons avec une conviction profonde : « Qui que vous soyez, curieux ou philanthropes, croyants ou incrédules, spiritistes ou rationalistes, méfiez-vous des notions superficielles de cette semi-science de dictionnaires et de brochures; évitez la lecture des livres de médecine; ne cherchez pas des analogies dont la nature est très-avare; et souvenez-vous qu'il est aussi difficile de rencontrer deux personnes avec le même nez au milieu de la figure que de constater au lit du malade deux affections présentant les mêmes symptômes morbides! »

Autant nous sommes ennemis des notions médicales incomplètes, autant nous serions heureux de rappeler tous nos lecteurs à l'étude attentive de l'hygiène; c'est là qu'est le progrès de la médecine elle-même; c'est dans la connaissance de ces notions que l'homme d'intelligence éprouve une véritable satisfaction.

Lorsque Néron, de néfaste mémoire, prétendait que l'on était à trente ans son meilleur médecin, il faisait allusion à la nécessité pour chacun de nous d'étudier notre manière d'être, notre tempérament, afin de se défendre contre les atteintes de la maladie.

Prévenir le mal, voici la seule, la vraie science pratique; mais une fois que l'ennemi s'est présenté sur les remparts, dès que sa lance a heurté la porte de la citadelle, il faut capituler honorablement, abaisser le pont-levis et porter les armes à l'homme de l'art qui ne pénètre avec lui dans la place que pour devenir votre ami et votre libérateur!

## CHAPITRE II

### ADMINISTRATION DES EAUX

Personne ne se plaindra, nous l'espérons du moins, de voir revenir si souvent dans ces pages le nom des Bordeu ; c'est pour nous le moyen de rendre hommage à ces grands observateurs, et s'il nous arrive parfois de ne pas adopter leurs idées d'une manière absolue, nous n'en reconnaissons pas moins leur prodigieuse valeur, et leur incontestable autorité !

Quels sont les conseils que Th. Bordeu donne à madame de Sorberio sur l'administration des Eaux-Bonnes. (II° lettre.)

« On ne peut pas les prendre sans le conseil d'un bon médecin, car si chaque malade les employait à sa fantaisie, il risquerait de se trouver fort mal de l'abus qu'il pourrait en faire... »

« Quant aux saisons, on fait bien de choisir le printemps ou l'automne, ce sont des temps où nos humeurs sont dans cet état qui les rend propres à la santé ; elles ont un mouvement déterminé qui n'est ni trop fougueux ni trop lent.

« Doses. — On en prend ordinairement cinq ou six litres en trois fois ; c'est trop pour plusieurs, et il y en a fort peu à qui cette dose ne suffise pas.

« L'eau peut convenir à toute heure, avant et après le repas, même en boisson ordinaire, à certains sujets. On doit pour ainsi dire boire à sa soif quand on se trouve disposé. »

Bordeu rejette les fameuses *neuvaines* parce que le même remède ne peut agir en temps égaux sur tant et tant de différents sujets.

Nous allons voir comment les idées se sont modifiées sur tous ces points, de manière à aboutir aujourd'hui à des pratiques diverses.

Le docteur Andrieu a écrit, sous le modeste titre d'*Essai sur les Eaux-Bonnes*, un livre que nous voudrions citer à chaque instant.

Voici les préceptes qu'il préconise :

La quantité d'eau que le malade doit prendre est très-variable ;

La dose de ce médicament, dont il faut toujours respecter l'action énergique, est subordonnée à l'état actuel du malade, aux accidents développés antécédem-
ment à la maladie dont il est affecté, à la nature de
celle-ci, aux conditions de température, d'idiosyncrasie.

Les Eaux-Bonnes peuvent être données à des doses qui
varient de un quart de verre à six verres.

Les médications brusquées ne conviennent guère
lorsqu'on les adapte au traitement d'une maladie chronique : la méthode curative doit être calquée sur la
marche de ces maladies.

Dès le début, je reste toujours au-dessous des quantités généralement prescrites, et je me garde bien de
considérer une formule exclusivement comme le régu-
lateur de mon activité.

Les formules renfermées dans un cercle inextensible
m'ont toujours paru, à tous les points de vue, incompatibles avec le génie de la médecine pratique.

Les Eaux-Bonnes doivent être administrées en petite
quantité, le médecin sera toujours à temps d'arriver en
tâtonnant à en faire boire des doses même considérables.

Je suis convaincu que, lorsque le malade a pris les
eaux pendant trente, quarante, cinquante ou soixante
jours au plus, il doit se reposer, afin de permettre aux

forces médicatrices dont il a sollicité l'intervention de produire leurs effets curatifs. Après ce temps, l'effet dynamique, spécifique et curatif des Eaux-Bonnes est suffisamment accompli.

Le mode d'administration est très-simple; autant que possible, il faut les prendre sans mélanges, car jamais on n'est plus sûr des effets qu'elles produisent que dans cette circonstance.

Quel est le mode d'administration actuel?

D'après tout ce qui précède, nous voyons que les Eaux-Bonnes sont utilisées :

1° En bains généraux et bains partiels ;

2° En pulvérisation ou inhalation ;

3° En gargarismes ;

4° En boissons.

Il serait superflu de répéter les détails que nous avons déjà enregistrés dans le chapitre précédent; nous rappellerons très-sommairement quelques observations relatives aux trois derniers points pour nous occuper plus exclusivement du premier, qui est, sans contredit, le plus important.

## BAINS GÉNÉRAUX ET PARTIELS

Les bains ont une action générale qui produit un sentiment de détente, de délassement, et une action locale ayant pour but d'imprégner la peau d'une certaine quantité de soufre.

Comme par l'effet du traitement thermo-minéral, le système cutané possède une impressionnabilité plus grande, il faut, avant tout, éviter les conditions qui pourront arrêter ou troubler cette perspiration insensible, exagérée.

De là la nécessité de bien se couvrir en sortant du bain, et de ne pas en prendre lorsque le temps est par trop humide, ou que les variations de température sont trop accentuées.

La durée moyenne du bain doit être de trois quarts d'heure et la température de l'eau de 31° à 33°.

L'heure du bain est nécessairement subordonnée à la distribution du service : nous donnons la préférence

aux heures d'après-midi, parce que la température en
est plus constante!

Pédiluves. — Les bains partiels (pédiluves ou mani-
luves) peuvent se prendre indistinctement avant ou
après la boisson, le soir ou le matin.

Leur durée varie de cinq à dix minutes.

Il serait peut-être opportun de n'en faire usage qu'a-
lors que l'on éprouverait quelques légers symptômes
de céphalalgie ou d'oppression dans les fonctions respiratoires.

Il est bon de maintenir l'eau à la même température
en y versant de temps à autre de l'eau chaude, car la
déperdition de calorique dans ce petit espace de temps
est encore de trois à quatre degrés.

## PULVÉRISATION

Nous croyons avoir suffisamment démontré les inconvénients inhérents à la salle de pulvérisation.

Que si nous n'avions pas obtenu gain de cause dans
l'esprit de nos lecteurs, nous leur signalerions au moins
les précautions à prendre pour diminuer les premiers.

Avoir soin de bien s'envelopper la tête pour ne pas
avoir les cheveux mouillés.

Respirer en faisant de grandes inspirations de minute
en minute.

Se tenir droit ou assis à une distance de dix centimètres environ des colonnes, de manière à ne recevoir
sur la figure que la poussière d'eau.

Ne commencer sa séance qu'après que l'appareil aura
fonctionné pendant une dixaine de minutes.

Faire renouveler de temps à autre l'air de la salle,
surtout lorsque les nuages de la vapeur aqueuse sont
trop intenses.

Ne pas rester au delà de trente minutes dans la salle.

Ne jamais recevoir directement sur les parties posté-rieures du gosier les filets d'eau en guise de douche. Ce jet est lancé à plusieurs atmosphères, et, en percutant les parties malades, il doit, de toute nécessité, les con-gestionner, les irriter, parfois même dilacérer des fibres musculaires d'autant plus délicates qu'elles ne sont pas dans leur état physiologique.

Bien s'essuyer avec des serviettes chaudes; parfaite-ment se couvrir en sortant, se promener un quart-d'heure à grands pas avant de rentrer chez soi.

———

Nous ne pouvons formuler les conseils généraux pour la salle d'inhalation que nous réclamons, car ils devront se modifier d'après le système d'installation auquel le savant ingénieur, M. J.-François, donnera la préférence.

## GARGARISMES

Ordinairement le gargarisme se fait avec l'eau minérale de la buvette.

La seule recommandation à faire, c'est de pencher la tête en arrière, afin que l'eau pénètre le plus loin possible dans la gorge.

Il est parfois très-utile de couper l'eau minérale avec des infusions de coquelicot ou de tilleul.

Ce moyen n'étant pas inoffensif, il ne faut s'en servir que sur l'indication précise du médecin.

## BOISSON

Nous n'avons pas la prétention de discuter l'une après l'autre les diverses assertions de Bordeu et d'Andrieu; notre but, en les citant, était de montrer la manière dont on envisageait la question à chacune de ces époques, et de bien déterminer les modifications qui se sont insensiblement opérées dans les idées.

Nous allons donc résumer en peu de mots la méthode à laquelle nous ont conduits et l'étude attentive des anciennes et nouvelles pratiques, et notre expérience personnelle. Et tout d'abord nous adoptons comme axiomes les principes de l'*Essai*.

La méthode curative doit être calquée sur la marche de la maladie.

Les formules absolues sont incompatibles avec le génie de la saine observation.

Il faut toujours débuter par des doses modérées, tout en rejetant les doses homœopathiques.

Nous sommes partisans de la *préparation*, de l'*acclimatation*, et si nous ne consacrons pas d'amples détails à ce *modus agendi*, c'est qu'il est dans la logique des choses.

Lorsqu'une personne arrive fatiguée d'un long voyage, dans un climat bien différent de celui qu'elle quitte, le sang en mouvement, en ébullition, il vaut mieux attendre qu'elle soit calmée; débuter par un bain de propreté (d'amidon, de son) constitue le plus souvent un remède très-efficace.

Si les fonctions digestives sont mal en train, il ne faut pas hésiter à prendre un purgatif salin ou un léger laxatif.

En général, on commence par la dose de un quart de verre[1] le matin et un quart le soir ; puis on augmente progressivement de un quart.

Il convient sous tous les rapports d'aller doucement en commençant, car il est facile de rattraper le temps *perdu*.

En surveillant attentivement, jour par jour, l'administration des eaux, sans une règle de conduite déterminée trois jours à l'avance, l'on obtient d'excellents résultats.

On arrive rarement à plus de trois verres par jour dans les affections chroniques de la poitrine.

Dans les cas d'asthmes, de bronchites ou de laryngites, l'on atteint aisément la dose de quatre verres.

Comme on le voit, nous sommes loin de la méthode Bordeu, à laquelle l'observation clinique a reconnu de graves inconvénients.

Les eaux se prennent le matin entre sept et neuf heures, le soir entre trois et quatre heures ; d'abord une fois le matin et une le soir ;

Puis deux fois le matin et une le soir ;

Finalement deux fois le matin et deux fois le soir.

Toutefois, rien d'absolu dans cette règle ; elle doit

---

[1] On se sert de verres gradués de la contenance de 250 gr.

être subordonnée aux convenances et même aux habitudes des personnes; ainsi, celles pour qui le repos au lit, le matin, est indispensable, ne boiront qu'une fois, sauf à augmenter les doses de la journée.

MANIÈRE DE LA PRENDRE. — L'observation prouve que l'Eau-Bonne est plus facilement digérée avec du sirop de sucre ou de gomme. Chacun peut faire cette expérience, aussi simple que précise, pour convaincre les incrédules.

Nous proscrivons les sirops composés pour ne pas ajouter à l'action, déjà complexe de l'eau minérale, celle des nouveaux médicaments employés; tout au plus peut-on faire une exception pour le sirop de digitale, quand il existe chez le malade une action exagérée de la circulation.

Les macérations de quinquina, les sirops de résine, d'écorce d'oranger, trouvent, selon nous, des applications plus opportunes à d'autres moments de la journée.

La source du Bois est précieuse dans certains cas bien déterminés de gastralgies et de dyspepsies indépendants d'une lésion organique profonde. On l'administre à la dose moyenne de trois verres par jour en commençant par un quart matin et soir.

Son degré de température (12°) et sa minéralisation la rendent très-utile : comme collyres, dans des conjonctivités légères; comme ablutions, dans des moments de céphalalgies et de migraines.

---

Au point de vue des effets dynamiques, l'action des Eaux-Bonnes sera d'autant plus efficace qu'elle aura été lente, continue, ménagée.

L'observation clinique nous démontre que les phénomènes de surexcitation ne sont pas indispensables.

C'était, du reste, l'opinion nettement formulée d'Andrieu.

« Il a été un temps, écrit-il, où on paraissait fortement imbu de cette idée que pour guérir une maladie dans le traitement de laquelle les eaux sulfureuses étaient indiquées, il fallait déterminer, à l'aide de ces dernières, un ébranlement considérable. On était convaincu qu'il était nécessaire de déterminer une modification profonde de l'économie vivante, et on la demandait à une sorte de métasyncrise imitée des anciens méthodistes.

« Mais pour moi une formule générale, tendant à établir comme règle, qu'il faut susciter un état fébrile pour guérir toute maladie chronique actuellement apyrétique, serait essentiellement dangereuse. »

Nous retiendrons donc que cette exagération de phénomènes morbides produite par l'eau sulfureuse de Bonnes n'est pas une condition essentielle de la guérison, qu'elle ne constitue pas une crise que les malades doivent traverser pour obtenir des effets curatifs certains.

Nous avons vu beaucoup de malades guérir aux Eaux-Bonnes sans éprouver d'autres effets appréciables de leur action, qu'une amélioration progressive des phénomènes morbides, et une disparition graduelle de leurs manifestations.

Après avoir indiqué la règle, ne perdons pas de vue les faits exceptionnels dans lesquels il peut être utile d'imprimer à l'économie une modification plus profonde, et guidons notre conduite sur ces sages préceptes de l'*Essai*.

« Lorsqu'il s'agit d'un réactif aussi capricieux et aussi délicat que la sensibilité de l'homme, nous ne pouvons jamais calculer exactement les résultats d'une impression ressentie.

« Tout ce que nous sommes en droit d'exiger, c'est que les symptômes imputables à l'action des Eaux-Bonnes ne soient pas d'une intensité exagérée. »

———

Une autre question qui a été l'objet de doutes et de controverses, est celle de savoir si, à un moment donné de l'administration des eaux, il se présente des phénomènes susceptibles d'indiquer aux médecins le plus ou moins de tolérance du traitement hydro-minéral.

Pour nous, pas de doute possible à cet égard. Vers le vingtième jour, il se manifeste des symptômes de malaise, d'inquiétude, d'agitation, de fatigue. Ils sont aussi variés que ceux que nous avons attribués à l'action immédiate de l'eau, mais ils n'en ont pas moins une signification absolue.

Dans la gorge apparaissent une rougeur et une injection particulière des muqueuses, qui a fait donner à cet état la dénomination d'angine sulfureuse.

Le malade ne boit plus son eau avec le même plaisir; l'odeur lui en devient insupportable et le goût nauséabond.

Nous ne saurions trop respecter cette susceptibilité; elle est pour nous l'indice irrécusable que l'organisme est, pour le moment, saturé d'eau sulfureuse; qu'il faut en diminuer les doses, ou même la suspendre tout à fait.

Ceci nous amène à la détermination de la durée du séjour, autrement dit des saisons.

Nous avons déjà dit pourquoi Bordeu proscrivait les *neuvaines;* cette habitude que nos bons aïeux avaient adoptée d'ingurgiter, neuf jours durant, des quantités prodigieuses d'eaux.

Aujourd'hui la durée du traitement thermal est généralement divisée en saisons de vingt à trente jours.

D'après ce que nous dirons plus tard des phénomènes de surexcitation et de saturation, cette durée n'est pas arbitraire : elle se renferme dans ces limites tout en étant subordonnée à la manière dont le malade supporte la médication, aux effets qui se manifestent, et à l'intensité de l'affection.

Toutefois, il ne faut pas pousser l'exagération jusqu'à vouloir fixer, en mettant les pieds à l'hôtel, le jour précis du départ.

En toute circonstance, nous devons moins nous préoccuper du nombre de jours écoulés, que de la succession régulière des phénomènes telle que nous l'indiquerons, c'est-à-dire :

Phénomènes d'excitation,

—      de modification,

—      de saturation.

Nous avons admis aussi, avec tous les observateurs qui nous ont précédé, deux actions bien distinctes dans les eaux sulfureuses en général, et dans celles de Bonnes en particulier : une action immédiate qui se manifeste pendant la durée du séjour ;

Et une action consécutive qui ne se produit qu'après plusieurs semaines.

Ne résulte-t-il pas de là, qu'en thèse générale, le traitement thermo-minéral sera d'autant plus complet que sa marche aura été plus régulière; qu'elle se sera accomplie dans les limites en question.

La logique nous conduit donc à proscrire les demi-saisons ou les doubles saisons, alors même qu'on les séparerait par un certain intervalle pendant lequel on mettrait en œuvre toutes les ressources du régime adoucissant.

En proscrivant ainsi l'usage trop prolongé des eaux, nous n'entendons pas conseiller les départs immédiats.

Ce que nous avons rapporté de l'action salutaire de l'air des Pyrénées, ce que nous avons écrit à l'article *Hygiène*, nous dispense d'entrer dans des considérations plus étendues.

Alors même que le malade ne pourrait pas tolérer les

Eaux-Bonnes au delà de vingt et un jours, il retirera d'excellents résultats d'un séjour prolongé dans cette bienfaisante contrée.

Si nous devons entendre par médication accessoire, celle qui aura pour but de mettre en usage toutes les ressources thérapeutiques que la science indique dans le traitement d'une maladie donnée, alors que l'action de ces agents est congénère à celle des Eaux-Bonnes, il n'est personne qui ne veuille en proclamer l'utilité.

Nous nous permettrons toutefois de conseiller la plus grande circonspection à cet égard.

Autant que faire se peut, pendant l'administration des Eaux-Bonnes, ne faites pas usage de médicaments actifs. Ne perdez pas de vue la succession normale des phéno-mènes physiologiques et morbides; favorisez-la par l'en-semble des moyens hygiéniques, et ne contrariez pas cette *action médicatrice* de la nature, que tous les rai-sonnements des organiciens ne parviendront pas à nier.

Parmi ces ressources, l'on a préconisé, dès la plus haute antiquité, les exutoires.

Nous n'avons jamais eu beaucoup de prédilection pour eux, mais s'il nous fallait nous prononcer d'une manière plus péremptoire, nous n'hésiterions pas à adopter les idées d'Andrieu.

Après avoir établi, par une étude minutieuse des élé-ments morbides, que dans toutes les périodes des ma-

ladies chroniques de la poitrine les exutoires pourront
être utiles à divers degrés, soit comme agent principal
d'un traitement curatif, soit comme palliatif, notre savant confrère ajoute :

« Les exutoires destinés à fonctionner parallèlement à
l'action des Eaux-Bonnes devraient être déjà en activité
depuis quelque temps lorsqu'on commence l'usage
des eaux. »

Dans notre pensée, la meilleure médication accessoire
avant, pendant et après, le traitement thermo-minéral,
c'est encore une HYGIÈNE INTELLIGENTE ET BIEN ENTENDUE!

# CHAPITRE III

## HYGIÈNE DES VALÉTUDINAIRES

« Il n'y a que deux choses, disait Leibnitz, qui devraient nous occuper ici-bas : c'est la vertu et la santé. »

Plus nous avançons dans la carrière, et plus nous nous persuadons que pour obtenir ce dernier but, il est de beaucoup préférable de s'adresser à l'hygiène qu'à la médecine : mieux vaut prévenir que guérir !

Voyez en effet l'importance que cette branche de nos connaissances tend à prendre dans notre existence sociale : publique ou privée, elle a un but identique, le bien-être de l'homme ; elle le poursuit avec succès, et grâce à ses développements, à son étude plus suivie, la moyenne de la vie humaine, qui était avant la Révolution de vingt-huit ans trois quarts, s'élève de nos jours à trente-six ans. (**M.** Mathieu, *Annuaire du bureau des longitudes.*)

Il ne s'agit pas d'échapper à la loi fatale de la destruction et de la mort, il faut indiquer les moyens d'atteindre le dernier terme le plus tard possible, et de vivre aussi dans les meilleures conditions possibles de santé.

Si l'observation exacte des lois de l'hygiéne est toujours utile, elle constitue surtout la condition la plus appréciable pour le succès du traitement thermal, car trop souvent l'aggravation du mal, les rechutes, sont les conséquences immédiates des écarts de régime ou des imprudences, auxquelles on se laisse si facilement entraîner. A nous donc de répandre et de renouveler sans cesse ces notions salutaires, au milieu d'une population maladive qui vient chercher la santé dans les montagnes, et que l'attrait des plaisirs ou une funeste insouciance soustrait trop fréquemment à notre bienfaisante direction !

A nous de leur prouver que nous avons confiance dans notre mission ; à nous enfin de leur démontrer que pour réussir dans une prophylaxie longue et difficile, il faut avant tout de la persévérance.

## HYGIÈNE MORALE

Sans craindre de nous répéter, nous dirons que : la beauté et la variété des lieux où le valétudinaire va chercher la santé, ont une influence d'autant plus précieuse, que dans toutes les affections chroniques où l'organe s'altère lentement et sans secousse apparente, l'âme est disposée à la rêverie.

La satisfaction de la vie extérieure réagit d'une manière si favorable sur la vie intérieure, que si nous éloignons de l'esprit du malade toute préoccupation triste, il ne se croira pas étranger, loin des lieux où l'entourait l'affectueuse protection de la famille.

Cette relation intime entre la régularité et le calme de la vie morale, et la régularité et le calme de la vie physique, doit donc lui imposer la triple obligation — d'éviter les excitations trop fortes et les émotions exagérées, — de rechercher avec soin les amusements modérés et les distractions salutaires, — de redouter l'a-

battement et la concentration des idées dans la douleur
et la souffrance.

## ACTION GÉNÉRALE DE L'AIR

« De tous les modificateurs dont l'homme puisse
éprouver les effets, écrit Rochoux, le climat est sans
contredit de beaucoup le plus puissant. » Nous
avons déjà fait ressortir l'excellence de celui des Pyrénées.

Son action s'exerce principalement sur la peau dont
elle augmente les fonctions, et comme les maladies
chroniques ont souvent pour cause unique l'altération
plus ou moins profonde du système cutané, on conçoit
combien son importance devient considérable. Et
n'est-ce pas au système cutané que s'adressait l'école
de Cos, pour ramener l'ordre dans l'économie; prévenir
les congestions des viscères; solliciter les fonctions al-
languies; activer la circulation capillaire; régulariser
l'innervation; exagérer parfois les propriétés perspira-
toires?

## HABITATION

Si nous avons accordé une grande valeur à l'atmosphère dans laquelle nous sommes appelés à vivre, nous
ne devons pas craindre d'entrer dans de trop longs
détails au sujet de celle qui constitue l'habitation
privée.

Comme la première, cette atmosphère contient un
certain nombre de principes, dont l'analyse chimique
constate l'existence et la proportion (azote, oxygène
acide carbonique, vapeur d'eau) et des principes variables d'une nature encore mal appréciée.

La respiration de l'homme altère l'air en lui enlevant
l'oxygène aux dépens duquel se forme l'acide carbonique, et en y ajoutant une certaine quantité d'eau qui
s'exhale du poumon et de la surface du corps.

Le volume d'air à fournir, par individu et par heure,
égale environ six mètres cubes. Si cette quantité manque

par défaut de renouvellement, l'acide carbonique augmente, et cette augmentation donne la mesure de l'insalubrité de l'espace confiné (à la faible dose de un pour
cent, ce gaz acide carbonique en rend le séjour insupportable, et fait naître une sensation de malaise).

D'autre part, les vapeurs aqueuses que l'homme émet
par la transpiration pulmonaire et cutanée se mêlent à
l'air et s'y dissolvent; elles sont accompagnées de matières animales qui ne tarderont point à communiquer à
l'air une mauvaise odeur.

Voilà donc deux causes de l'insalubrité d'un air confiné : production plus grande d'acide carbonique; et saturation par la présence de vapeurs d'eau chargées de
matières putrescibles.

Le confinement de l'air dans un espace restreint, son
défaut de ventilation régulière, ont par conséquent pour
effets immédiats :

1° De frustrer son atmosphère de la quantité d'air indispensable à l'hématose;

2° De la spolier d'une certaine proportion d'oxygène;

3° D'y accumuler l'acide carbonique;

4° D'en accroître la température ;

5° De lui enlever son humidité naturelle;

6° De remplacer cette humidité par les matériaux de
la transpiration pulmonaire, de l'exhalation et des secré-
tions.

Les résultats successifs sont :

L'influence délétère du gaz acide carbonique sur l'encéphale.

La formation des miasmes putrides qui, portés par l'absorption dans le torrent circulatoire, agissent sur l'économie comme un poison spécial, et se traduisent par les phénomènes d'empoisonnement (céphalalgies, nausées, vomissements, malaise général, syncope).

Voici comment le climatologiste le plus distingué de l'Angleterre, sir J. Clark, s'exprime à cet égard :

« Si rien ne contribue plus efficacement à renforcer la constitution, à la rendre capable de supporter les vicissitudes du climat, que la respiration constante d'un air pur ; rien aussi ne tend plus à affaiblir et à relâcher l'organisme, à le rendre impressionnable au froid ou à l'humidité, que la respiration d'un air impur. »

C'est principalement sur l'installation des chambres à coucher qu'il faut apporter les soins les plus minutieux. En respirant un air vicié pendant la nuit, c'est-à-dire pendant le tiers de notre existence, nous nous exposons à des causes de maladies dans la période indispensable au repos.

Pour mieux faire comprendre les inconvénients de l'air confiné, le docteur Arnott, l'inventeur d'un système de ventilation qui porte son nom, *chimney venti-*

*lator*, raconte l'histoire de cette école de Norwood où la scrofule faisait de grands ravages.

L'on avait tout d'abord attribué la grande mortalité, parmi les six cents élèves, à l'insuffisance de nourriture, mais après avoir modifié le renouvellement continu de l'air, on parvint à placer dans les mêmes salles onze cents élèves en parfaite santé.

C'est pour ne pas altérer l'air des chambres à coucher, que M. le docteur Ch. Londe dans un excellent traité d'hygiène[1] donne ce conseil salutaire :

« Point de lampe, point d'animaux, point de fleurs. »

De ces faits, il est facile de déduire les inconvénients inhérents à une réunion nombreuse de malades, dans des salons où l'air si facilement vicié, ne peut être renouvelé avec la même promptitude.

---

[1] *Nouveaux éléments d'hygiène*, 3ᵉ édition, Paris, 1847.

### EXERCICE

Malgré le reproche que l'on nous a quelquefois adressé d'abuser des citations, nous persistons à penser que dans des œuvres destinées à vulgariser les notions scientifiques, il est utile d'invoquer le témoignage des hommes dont le nom est arrivé jusqu'à nous, entouré d'une auréole d'estime et de respect; aussi en abordant l'article *Exercice*, allons-nous mettre en cause Celse et Bacon.

*Otium hebetat, labor firmat*, écrivait le dieu des médecins, comme l'appelle Casaubon, sentence complexe, mais vraie; l'*otium* qui énerve, c'est aussi bien l'oisiveté de l'esprit que la paresse du corps; le *labor* qui ragaillardit, c'est tout à la fois le travail de l'intelligence et l'activité du système musculaire.

Pour Bacon, « l'exercice est une des meilleures provisions de la santé, de là vient l'aisance à tout faire, à tout souffrir; c'est l'école de la souplesse et de la vigueur. »

Quels sont en réalité les effets immédiats de l'exercice?

C'est la plus grande énergie de la circulation capillaire générale, de la digestion, de l'absorption, de l'assimilation, des sécrétions, en un mot de toutes les fonctions de l'organisme.

Avons-nous besoin de rappeler que le régime, l'exercice et la gymnastique ont été chez les Grecs et les Romains, les premiers éléments de leur puissance et de leur grandeur, et que dans une nation civilisée ils devront former la base de l'éducation et de l'hygiène publique.

Mais, par cela même que l'exercice est salutaire lorsqu'il est pris à dose modérée, en plein air, à pied (c'est-à-dire dans les conditions où le corps s'échauffe d'une manière plus uniforme), par cela même, il faut éviter avec le plus grand soin :

Les longues courses ;

Les ascensions rapides;

Les excursions désordonnées.

Relativement aux heures d'exercice, nous ne ferons que peu d'observations ; il est parfaitement inutile de démontrer les inconvénients de la grande chaleur et de l'insolation, et quant aux brusques variations de température qui se produisent au lever de l'aurore et au coucher du soleil, il est facile de s'en prémunir en se conformant à de sages préceptes !

Nous savons déjà que l'impression du froid a pour effet immédiat, de refouler le mouvement d'expansion périphérique que déterminent les eaux, et de provoquer par contre la congestion des organes intérieurs.

D'après les notions climatologiques que nous avons énoncées, il faut s'abstenir de sortir le soir lorsque l'air est chargé d'humidité.

« J'ai vu, dit Antoine de Bordeu, plusieurs malades se trouver très-mal quand ils s'exposaient à l'air pendant l'usage des eaux. »

« J'en ai vu même périr pour avoir trop compté sur les forces qu'elles leur donnaient. »

M. Henri Nicolle ajoute :

« Peut-être vous étonnez-vous de ces précautions prises au Midi même de la France, et en plein mois d'août ?

« Rien de plus nécessaire cependant : à mesure qu'on monte, la température se rafraîchit, la marche vous met en transpiration, et si peu qu'on s'arrête, on a vite fait d'attraper un refroidissement. »

Notre but en rappelant ces paroles, est de montrer que l'observation la plus vulgaire, se trouve en parfaite harmonie avec les données de la science.

Il est vrai que d'aucuns prétendent, avec un sem-
blant de raison, que la première a toujours précédé la
seconde.


## RÉGIME ALIMENTAIRE


Il nous souvient d'avoir entendu développer par un
vénérable praticien, exerçant depuis soixante ans dans
les montagnes des Apennins, ces deux axiomes :

Chaque contrée produit les denrées alimentaires les
mieux appropriées à la constitution de ses habitants.

Dans les pays où règnent des maladies plus ou moins
endémiques, la nature a toujours placé le remède à côté
du mal.

Si chacun de nos lecteurs veut se donner la peine de
réfléchir un peu sur ces deux pensées, il trouvera sans
difficulté une foule de bons arguments en faveur de cette
thèse.

Grâce aux travaux modernes des chimistes et des
physiologistes, les phénomènes de l'assimilation nous
sont mieux connus, nous pouvons plus facilement choi-

sir les aliments propres à modifier, selon notre gré, l'organisme, nous sommes à même d'utiliser le plus possible dans les affections spéciales qui nous occupent, les aliments qui favorisent la calorification.

Pour preuve péremptoire, nous rappelons les merveilleux résultats que les éleveurs anglais ont obtenus sur les races des animaux domestiques.

C'est au régime combiné avec la sélection et les copulations sanguines, que nos voisins doivent leur incontestable supériorité.

Comme ils sont pratiques par excellence, ils ont voulu transporter chez l'homme les prodiges du régime et, avec leur persévérante activité, ils ont à volonté augmenté la force musculaire du corps, diminué son embonpoint, développé plus spécialement tel ou tel organe.

Décorant la méthode du mot d'*entraînement*, ils ont formulé les préceptes les plus spéciaux :

Aux boxeurs ; aux coureurs ; aux jockeys.

Quoique personne ne puisse contester désormais l'influence du régime, il serait oiseux pourtant d'énumérer ici les substances et les aliments auxquels on doit accorder la préférence.

Nous aimons mieux poser en principe qu'une alimentation trop abondante n'est pas en harmonie avec les susceptibilités des organes, et qu'il faut bien se

11.

p rémunir contre cet abus déjà signalé du temps d'Andrieu.

Et pourquoi fidèles à l'obligation que nous nous
sommes imposée, de rechercher partout la vérité, et de
la proclamer même au risque de quelques petits désa-
gréments personnels, ne signalerions-nous pas la mauvaise installation hygiénique des tables d'hôte.

Il y a là toute une réforme à opérer ; elle est si conforme aux intérêts bien entendus des malades, qu'elle
est digne de toute la sollicitude de notre savant Inspecteur ; qu'armé du texte de la loi (art. 4) qui fait relever
de son autorité tout ce qui concerne la santé publique :

Il impose à tous les propriétaires les conditions qui
peuvent se résumer dans ce peu de mots :

Moins de plats,

Mais des plats de meilleure qualité !

Pas de vins en abondance,

Mais un vin d'ordinaire, pur de tout mélange !

### DIÈTE LACTÉE

Parmi les agents qui jouent un rôle salutaire dans notre régime habituel, se place, en première ligne, la diète lactée.

Nous avons depuis longtemps adopté l'idée des chimistes qui considèrent le lait comme l'aliment le plus complet dont l'homme puisse faire usage.

Le lait est un aliment type, parce qu'à lui seul il suffit à la nourriture de l'enfance ; tout à la fois, aliment plastique et aliment respiratoire, il contient : 1° des substances azotées, ayant la composition élémentaire de nos tissus ; 2° une matière sucrée, riche en carbone, le sucre de lait ; 3° une matière grasse, agent de calorification, le beurre.

Nous avons éprouvé du regret en lisant les arguments de Bordeu contre cette diète lactée dans le traitement des maladies chroniques.

D'une part, il prétend que les montagnards qui vivent

de lait et de farineux, ont les chairs molles et flasques, qu'ils sont sans énergie physique et intellectuelle.

D'autre part, il assure qu'en soumettant à ce régime des individus affectés de plaies plus ou moins invété-rées, ces plaies deviennent blafardes, boursouflées, d'une cicatrisation difficile.

Nous protestons avec Andrieu contre une pareille théorie; le seul inconvénient réel que présente le lait, c'est d'être difficilement supporté par quelques es-tomacs.

C'est pour le faire disparaître en partie, c'est-à-dire pour modifier favorablement les fonctions digestives, que l'on s'est imaginé d'additionner le lait d'une cer-taine quantité de chlorure de sodium.

Le docteur A. Latour a fait de très-louables efforts pour remettre en honneur cette médication, et afin d'a-gir sur l'économie d'une manière plus physiologique, il ordonne à ses malades du lait provenant des chèvres, à la nourriture desquelles l'on avait préalablement ajouté quelques grammes de sel (de 10 à 20).

Pendant notre mission en Afrique, nous avons expé-rimenté sur une vaste échelle le traitement préconisé par cet excellent et modeste confrère.

Deux raisons, toutefois, nous ont empêché de nous conformer en tous points aux préceptes de sa *Note*.

Pour les classes nécessiteuses et pour la petite bourgeoisie, cette médication est inabordable, parce qu'elle est trop chère.

Les personnes aisées, ou riches qui pouvaient payer 25 et 30 francs, la location de la chèvre soumise à cette nourriture spéciale, rencontraient d'autres difficultés.

L'animal avait de la répugnance à prendre une dose de sel supérieure à dix ou douze grammes.

Et la sécrétion du lait diminuait de jour en jour, d'une manière notable [1].

Ces motifs, joints à l'utilité de connaître exactement la quantité de sel absorbé, afin d'en augmenter progressivement la dose, nous ont conduit à associer le chlorure de sodium à un sirop de sucre aromatisé par de

---

[1] Nous rappellerons, à ce sujet, les intéressantes expériences de MM. de Béhague et Baudement.

Trois vaches sont soumises comparativement au même régime :

Herminia, sel à discrétion;

Cinchilla, sel rationné;

Catchoutcha, pas de sel.

Voici les résultats obtenus après quelques semaines :

Poids. La seule vache qui ait gagné en poids, est celle qui ne recevait pas de sel; les deux autres ont perdu, et celle qui a perdu davantage se trouve être précisément celle qui prenait du sel à discrétion.

Lait. Le produit n'a pas varié pour Catchoutcha.

Il a diminué de quatre litres pour Cinchilla.

— de cinq litres pour Herminia.

Donc, l'usage de sel a une influence réelle sur la sécrétion du lait.

l'eau de laurier-cerise. Deux honorables pharmaciens d'Alger, MM. Isnardi et Desvignes se sont empressés de se conformer à nos désirs.

De retour à Paris, ayant exprimé à MM. Mialhe et Grassi, l'intention d'avoir dans une quantité de liquide donnée, la plus grande dose possible de sel, ces savants confrères sont arrivés à la formule suivante :

SIROP DE CHLORURE DE SODIUM.

| | | |
|---|---|---|
| Eau distillée. . . . . . . . . . | 200 | grammes. |
| Chlorure de sodium . . . . . | 125 | — |
| Sucre. . . . . . . . . . . . | 400 | — |
| Eau de laurier-cerise . . . . . | 30 | — |

Le lait chloruré nous a déjà fourni dans la prison des Madelonnettes, les résultats les plus satisfaisants.

Il nous est permis de le recommander avec d'autant plus de conviction, que nous ne réclamons pour lui, ni brevet d'invention, ni brevet de perfectionnement[1].

Dès que nous avons constaté l'efficacité du sirop de

---

[1] Nous avons trouvé, dans une très-ancienne formule de l'école de Salerne cette association de lait, de sel et de sucre. L'École de Salerne, trad. en vers français par Ch. Meaux Saint-Marc. Paris, 1860. A côté des travaux de M. Latour, nous devons signaler ceux de MM. Léopold Berrut (de Marseille) et Labourdette (de Paris). Cet ingénieux praticien, au moyen de l'entraînement médical, est parvenu à rendre médicamenteux le lait destiné à l'alimentation des enfants malades sans nuire à la santé des animaux qui les fournissent.

chlorure de sodium, nous nous sommes empressé d'en publier la formule.

S'il se trouvait parmi nos lecteurs, des personnes désireuses de connaître les motifs qui ont dirigé nos premiers essais, nous les prierions de parcourir les détails ci-joints écrits à leur intention.

A Alger, le docteur Miguerès, partisan résolu du régime tonique dans la phthisie, avait observé que le sel prédominait autrefois dans la nourriture des indigènes, et qu'à cette époque, les affections de la poitrine étaient beaucoup moins fréquentes chez eux.

Il avait aussi constaté avec les éleveurs du pays, l'heureuse influence du sel sur la santé des moutons destinés à l'alimentation des Israélites. (La loi religieuse leur impose l'obligation de ne manger que des animaux sains.)

Nous avions vu à Venise le rôle considérable que les médecins des hôpitaux accordent aux algues semi-marines, et aux conferves de la lagune, dans le traitement des consomptions.

Finalement, le docteur Galligo (de Florence) nous avait fait part d'observations analogues recueillies au milieu du quartier populeux de la ville, occupé par les Israélites.

Malgré de mauvaises conditions de salubrité, la phthisie ne figure que très-exceptionnellement dans les

relevés mortuaires. Voici comment notre ami se rend
compte de cette immunité :

L'Écriture sainte défendant de se nourrir de la chair
d'animaux morts naturellement, et de manger le sang,
les rabbins exigent que la viande soit soumise à des la-
vages successifs dans de l'eau salée.

Cette pratique a pour résultat de faire disparaître les
traces de sang, et de fournir un bouillon beaucoup plus
savoureux !

Comme chacun peut le voir, de pareils arguments
sont de nature à confirmer notre optimisme.

**BOISSON**

Les qualités que notre savant collaborateur des *Annales d'hygiène*, le docteur Guérard assigne à l'eau po-
table, sont :

« Elle doit être limpide, tempérée en hiver, fraîche
en été, inodore, d'une saveur agréable ; elle doit dissoudre le savon sans grumeaux, être propre à la cuis-

son des légumes ; elle doit tenir en dissolution une proportion convenable d'air, d'acide carbonique et de substances minérales; enfin, elle doit être exempte de matières organiques. »

Comme l'eau que l'on puise au robinet du hangar, de l'embouteillage derrière l'établissement, réunit toutes ces conditions, c'est celle que nous recommanderons pour les besoins usuels, de préférence à l'eau panée qui figure sur toutes les tables d'hôte de la localité.

Cette eau panée a pour nous l'inconvénient d'être fade alors même qu'elle est fabriquée naturellement, c'est-à-dire qu'elle n'est pas obtenue au moyen d'une dissolution plus ou moins concentrée de caramel.

Pour prévenir les perturbations que les eaux froides et crues apportent dans les fonctions digestives, et principalement chez les personnes plus ou moins anémiques, nous nous sommes servi, à l'exemple de nos excellents confrères, de l'eau de la source Pommé; cette eau très-légèrement ferrugineuse, est d'un goût agréable.

Dans les cas de dyspepsies et de gastralgies, nous donnons la préférence aux eaux de Saint-Galmier, de Condillac et de Bussang; celles de Vichy rencontrent aussi de fréquentes applications.

## VÊTEMENTS

Sydenham a écrit quelque part, « que la mode de changer d'habits avait tué plus de monde que la poudre à canon. »

Notre vénération pour le plus grand médecin de son époque nous dispensera de contrôler une pareille statistique; nous aimons mieux rechercher les faits sur lesquels repose son appréciation.

Une condition générale de santé, c'est d'entretenir à la surface de la peau une perspiration insensible toujours en harmonie avec les conditions météorologiques de l'air ambiant, et avec l'impressionnabilité de chaque organisme.

Ce résultat s'obtient au moyen de vêtements adaptés aux diverses circonstances.

Imiter les naturels du pays où l'on vit, c'est se conformer aux sages préceptes de l'expérience des siècles.

Dans les Pyrénées, comme dans tous les pays de

montagne, alors même que les journées sont chaudes, les matinées et les soirées sont généralement froides ; de là, la nécessité de se garantir contre l'humidité ; de là, l'usage adopté par tous les paysans sans exception, des vêtements de laine.

Faisons donc comme eux, et portons sans répugnance les vêtements très-légers et chauds, la flanelle et les manteaux.

Pour donner une idée de l'influence fâcheuse de ces oscillations nyctémérales, nous allons rapporter une observation recueillie en Afrique dans la vallée de la Bou-zareah.

De temps immémorial, les Maures viennent séjourner sur ces délicieux coteaux, pour se guérir des fièvres qu'ils peuvent avoir contractées, soit dans la plaine de la Mitidja, soit dans les environs de la ville ; eh bien, dans ces mêmes localités, les Espagnols contractent des fièvres intermittentes graves, voire même des fièvres pernicieuses.

Les premiers sont restés fidèles à leur manière de vivre, à leur hygiène spéciale de vêtements de laine, d'alimentation modérée, d'heures de travail.

Les seconds y ont apporté leurs habitudes du continent ; jetant une simple veste sur leurs épaules, bravant le soleil et les vents, la rosée de l'aurore comme l'humidité du crépuscule !

Nous ne sachions pas que l'on puisse trouver un exemple plus frappant en faveur de notre thèse.

### SAISONS

En parlant de l'administration des eaux, nous nous sommes suffisamment expliqué sur la durée des saisons.

Le chiffre de vingt et un jours n'est pas du tout arbitraire; nous le trouvons en faveur chez les anciens, et bien avant que Bordeu ne proscrivît les neuvaines, Oribase avait écrit :

« Pour toutes les eaux minérales, on observe une certaine mesure de temps, trois semaines par exemple. »

Des trois principales saisons de Bonnes, la plus fréquentée est naturellement celle qui s'étend du 15 juillet au 15 août.

Les premiers arrivages ont lieu dans les premiers jours de juin, et c'est vers la fin du mois d'août que les habitants des départements voisins se rendent à la station.

Le mois de septembre est en général le plus agréable de l'année; seulement, comme les nuits sont très-fraîches, il faut s'astreindre plus que jamais aux règles que nous avons établies plus haut.

Pour compléter cet important chapitre, il nous faudrait insister encore sur quelques autres précautions hygiéniques, notamment sur la nécessité de ce que nous avons appelé l'*acclimatation*, et sur l'utilité de certaines *préparations* préalables, mais pour ne pas abuser de la bienveillante attention de nos lecteurs, et pour nous ménager le plaisir de développer de vive voix quelques nouveaux arguments, nous les réserverons pour une prochaine édition.

# CHAPITRE IV

## RÉSULTATS THÉRAPEUTIQUES

Ce n'est pas sans une certaine appréhension que nous abordons l'étude thérapeutique des Eaux-Bonnes, nous voudrions dans cette exposition rester intelligible pour tous nos lecteurs; et cependant comme ce chapitre a pour but spécial d'éclairer la religion de nos confrères, nous avons l'obligation de rappeler les conditions, les manières d'être des maladies, où elles sont employées et les principes scientifiques sur lesquels doivent reposer en dernière analyse nos indications.

Nous serions amplement dédommagé de nos veilles, si ces honorables praticiens pouvaient trouver dans ces quelques pages les lumières nécessaires pour les diriger d'une manière plus certaine, dans le choix de la station thermale.

Après avoir lu avec le plus grand soin tout ce qui a été publié sur les Eaux-Bonnes, et avoir médité les œuvres de Bordeu et d'Andrieu, renonçant volontiers au mérite d'exposer des théories nouvelles, nous avons borné nos modestes aspirations à la vulgarisation des données le plus incontestablement établies aujourd'hui. Voici l'ordre que nous suivrons dans cette rapide exposition.

Considérations sur les eaux sulfureuses des Pyrénées en général et sur celles de Bonnes en particulier;

Opinions des principaux auteurs;

Effets physiologiques et pathologiques des eaux ;

Effets thérapeutiques dans chacun des groupes de maladies, traitées avec le plus de succès :

Indications et contre-indications;

1° Lésions du pharynx et du larynx ;

2° Affections chroniques des voies respiratoires;

3° Phthisie pulmonaire.

## LES EAUX SULFUREUSES DES PYRÉNÉES

Les Pyrénées sont sans contredit la contrée de la terre la plus favorisée par la nature sous le rapport de ses eaux minérales.

Les innombrables sources échelonnées sur la chaîne depuis Perpignan jusqu'à Bayonne, doivent partir d'un réservoir commun s'il faut en juger par le rapprochement des griffons, la direction de leur cours, et l'analogie de leur composition minérale.

Toutes ces eaux se trouvent dans les terrains primitifs ou à la limite de ces terrains et de ceux de transition.

Tantôt elles s'échappent du granit (Larressec aux Eaux-Chaudes); tantôt du schiste micacé (Luchon); tantôt du calcaire superposé aux roches stéatiteuses (Bonnes); tantôt enfin du calcaire mêlé de schiste, en rapport avec l'eurite (Barèges); leur principe dominant est un sulfure de sodium.

Elles contiennent en outre de la silice, du chlorure de sodium, des traces de fer et d'alumine, une matière glaireuse, la barégine, et une substance filamenteuse, la sulfuraire.

La prédominance en certaine proportion de l'un de ces principes, donne aux sources des propriétés particulières, et permet de les grouper dans quatre catégories :

Sources sulfureuses;

— Ferrugineuses;

— Salines;

— Chlorurées.

La température, cet élément si important des Eaux, est en général assez constante.

———

Les sources sulfureuses ont été divisées en fortes et faibles.

Les sources sulfureuses fortes stimulent l'organisme d'une manière énergique, exaltent la sensibilité, et produisent en accélérant les mouvements circulatoires de véritables accès de fièvre aussi salutaires, quand ils sont modérés, que nuisibles, lorsqu'ils deviennent excessifs.

La peau, animée d'une circulation plus active, est le siége d'une dérivation qui se manifeste par des sueurs ou des éruptions spéciales.

Ces propriétés sont de nature à faire passer avec promptitude à l'état aigu des affections indolentes.

Elles sont favorables aux personnes à fibre molle et peu irritable, chez lesquelles il faut réveiller et tonifier l'action organique.

Pour qu'elles soient salutaires, il faut de toute nécessité que les maladies soient dépourvues de caractère inflammatoire.

Leur administration doit avoir lieu avec prudence et réserve.

Les sources sulfureuses faibles sont moins chaudes et formées de principes moins excitants; partout leur action est plus lente, plus insensible. Presque toujours elles guérissent ou soulagent, mais jamais elles ne nuisent.

Utilisées, plus particulièrement en bains tempérés, elles calment et assouplissent l'organisme exalté, régularisent l'action du système nerveux; elles peuvent de cette manière, dans des circonstances données, prévenir

cértaines maladies chroniques, ou enrayer la marche
de celles qui se sont déclarées.

Le docteur Fontan, en ayant égard à l'action physiologique immédiate qui ressort de ce que nous venons de
dire, classe les eaux sulfureuses en deux catégories :

Les excitantes, à action curative, éloignée, persévérante;

Les sédatives, à action médicatrice plus prompte mais
moins longue.

En résumant en peu de mots les caractères de l'action
des eaux sulfureuses, nous dirons qu'il est parfaitement reconnu :

1° Qu'elles augmentent et réveillent le mal ;

2° Qu'elles le déplacent;

3° Qu'elles l'usent.

Si maintenant nous considérons l'action des eaux
sulfureuses au point de vue curatif, nous constaterons
avec Andrieu, que non-seulement cette action s'use à la
longue, comme celle de tous les autres médicaments,
mais encore qu'envisagée dans ses effets dynamiques et
primitifs, elle devient graduellement difficile et impossible à tolérer.

Il suit de là qu'il n'est pas rare d'obtenir simultanément sur le même sujet ce double résultat. :

1° Énergie décroissante des eaux considérées comme
agent curatif;

2° Intolérance toujours croissante pour ces mêmes eaux, employées pour la deuxième, troisième ou quatrième fois, à des époques plus ou moins éloignées.

« Les eaux des Pyrénées, écrivait Bordeu, sont d'un grand secours dans toutes les maladies lentes et longues.

« Elles opèrent quelquefois des guérisons inattendues, et qui étonnent les connaisseurs. »

Dans le journal de Barèges qui peut être regardé comme l'ouvrage d'un siècle entier d'observations, et que Théophile Bordeu publiait en collaboration des archiâtres Chicoyneau et Sénac, il ajoute :

« Chaque malade peut espérer à quelque différence près, de trouver dans ce journal sa propre histoire! »

## LES EAUX-BONNES EN PARTICULIER

Lorsque l'expérience des siècles a consacré certains faits pathologiques ou thérapeutiques, il est impossible

12.

de ne pas admettre qu'il y a dans ces faits un fond de vérité et d'observation.

Cette réflexion nous est particulièrement inspirée par l'étude des eaux minérales; en voyant le culte religieux dont elles ont été entourées, dès la plus haute antiquité, en contemplant les débris des monuments splendides élevés par des nations civilisées pour les conserver et les aménager, en recueillant les témoignages unanimes des générations qui se sont succédées, il faut proclamer leur incontestable action sur l'organisme et leurs effets salutaires dans la guérison de nos infirmités.

Si maintenant telles sources ont été préconisées pour les maladies chirurgicales, telles autres pour les affections internes, celles-ci pour les rhumatismes, celles-là pour les névroses, il faut en conclure que chacune d'elles possédait dans son essence, dans sa composition moléculaire, les éléments thérapeutiques appropriés aux diverses circonstances de leur application.

Les médecins les plus distingués s'accordent pour attribuer aux sources minérales de Bonnes une efficacité toute particulière dans le traitement des affections des voies respiratoires.

Tous les classent parmi les eaux sulfureuses fortes et excitantes, tous admettent chez elles pour se rendre compte de leur action salutaire, une action *sui generis*.

Sans avoir la présomption d'arriver à définir cette spécificité et de la rendre évidente, nous chercherons dans les considérations qui vont suivre, à bien préciser les conditions particulières de sa manière d'être.

Les meilleurs esprits se sont naturellement arrêtés devant ce problème, et ils se sont demandé :

Si les vertus thérapeutiques toutes spéciales des Eaux-Bonnes pouvaient s'expliquer par une composition chimique différente de celle des autres sources des Pyrénées, ou bien si, renonçant à toute explication positive il fallait attribuer leurs effets à une substance merveilleuse, inconnue, à un *quid divinum?*

« Sans prétendre, dit M. Filhol, que la chimie puisse à notre époque fournir les moyens de se rendre compte de la manière d'agir des eaux minérales, on est cependant en droit d'affirmer qu'elle conduit souvent par ses résultats à des explications plus simples, plus naturelles et plus probables, que celles qu'on obtiendrait sans son secours. »

Aussi, le savant professeur fait-il remonter à la minéralisation toute particulière des Eaux-Bonnes, la raison de leur action spécifique.

Pour nous, la chimie est un précieux flambeau, mais au-dessus d'elle se place l'observation clinique; c'est elle qui doit nécessairement nous éclairer; c'est elle qui nous apprendra que le *quid divinum* d'une eau dépend de l'ensemble de ses principes minéralisateurs, de la disposition moléculaire de ses éléments à leur température native !

L'évidence de cette pensée ressortira mieux des développements ultérieurs que nous donnerons, en étudiant l'action spécifique et directe de l'Eau-Bonne dans le traitement de la phthisie pulmonaire.

### OPINIONS DES AUTEURS

Nous allons esquisser à grands traits les opinions émises à diverses époques sur l'action des Eaux-Bonnes.

Dans le chapitre consacré à l'histoire des sources, nous avons vu que dans le principe, elles avaient été administrées pour le traitement des maladies externes. La légende relative à leur découverte, leur dénomination d'*arquebusades* suffisent pour montrer qu'à cette époque, leur action réelle était limitée aux plaies et aux ulcères.

A. DE BORDEU. — Antoine de Bordeu en étudiant les maladies de poitrine, comprises alors sous la dénomination générique de consomptions, adopta la conception pathologique qu'elles étaient constituées par des plaies internes, des ulcérations ayant leur siége dans la trame même des tissus.

Il se demanda si les Eaux-Bonnes ne modifieraient pas ces plaies internes, comme elles modifiaient les externes, et le premier, il introduisit cette précieuse réforme qui devait donner à la station une si heureuse célébrité.

TH. DE BORDEU. — Avant de faire connaître les théories de Théophile de Bordeu, transcrivons quelques-unes des maximes qui dirigèrent sa pratique médicale.

« Libres comme nos pères, nous avons tâché de servir comme eux nos vallées par choix, par goût, et sans autre prétention que celle de tenir au vrai, et de remplir les devoirs qui nous ont été imposés.

« J'ai été formé à voir des malades dans un état où des discours fleuris sont peu efficaces pour eux; j'ai voulu savoir les soulager par les moyens que fournit l'art qui s'apprend au chevet du lit et non point ailleurs.

« La nature n'est qu'une énigme pour nous, donnons des explications que tout le monde puisse concevoir. »

Malgré ce désir formel de Th. Bordeu, nous craignons

fort que la génération actuelle n'adopte pas aisément les-
dites explications; elles ont droit cependant à toute notre déférence parce qu'à leur apparition, les lettres à
madame de Sorberio s'étaient élevées à la hauteur d'un
événement politique.

Ci-joints, les passages les plus intéressants, pour la
question, extraits du journal de Barèges, et des neu-
vième et dixième lettres.

« Les Eaux-Bonnes sont béchiques, et elles produisent
d'autres effets, résultant de leur action particulière sur
les nerfs gastriques et sur chaque organe.

« Elles constituent l'un des meilleurs vulnéraires dans
es affections pulmoniques, les fièvres hectiques, les
marasmes, les rhumes récents ou invétérés.

« On se sert des Eaux-Bonnes pour adoucir des humeurs trop âcres; les tempérer quand elles sont effarou-
chées, les animer quand elles sont lentes et visqueuses;
pour relâcher des solides trop tendus et leur redonner
leur ton naturel, pour rétablir cette équilibration entre
les vaisseaux et leurs humeurs, qui fait que les circula-
tions, les sécrétions et les digestions subsistent dans
leur état normal. »

Les mêmes pensées se trouvent exprimées en d'autres
termes dans les paragraphes suivants :

« Pour moi, je crois que les Eaux-Bonnes agissent
surtout en donnant au sang ces esprits, cette chaleur

vitale qu'il perd quelquefois plus ou moins quand des
sucs âcres détruisent le tissu de ses parties, ou que des
levains visqueux l'empêchent d'agir.

« Les Eaux-Bonnes l'animent et le délayent en lui
fournissant une huile volatile qui le rend plus propre à
toutes les fonctions, surtout à la réaction et au bouil-
lonnement dont il a besoin pour contre-balancer l'effort
des solides, pour les faire agir eux-mêmes et pour entretenir le mouvement perpétuel qui fait la vie. »

Pour donner une idée des observations particulières,
citons-en deux, prises un peu au hasard, la vingt-quatrième et la trente-quatrième.

« VINGT-QUATRIÈME OBSERVATION.—La boisson des Eaux-
Bonnes guérit aussi en quinze jours l'épouse de Ber-
nard, deuxième comte de Bigorre, d'un incube, né
d'hémorroïdes supprimées...

« Or qu'est l'incube ? sinon un conflit entre le dia-
phragme et les viscères de l'abdomen. »

« TRENTE-QUATRIÈME OBSERVATION. — X, fille de vingt-
cinq ans qui, quand elle avait l'estomac vide, éprouvait
un serrement vers la fossette du cœur avec de fréquents
bâillements et une grande agitation dans les intestins,
accompagnée de borborygmes fort incommodes et qui
étaient aisément entendus des assistants. »

Terminons par une dernière citation :

« Ce que l'on nomme vapeurs influe dans presque
toutes les maladies du sexe; ce sont des tensions dé-
rangées, des spasmes particuliers, des convulsions
qui donnent aux humeurs des mouvements irrégu-
liers...

«..... Enfin, madame, je ne connais presque point de
maladie à laquelle nos eaux ne puissent convenir, si l'on
en excepte celles où la fièvre est si forte, qu'il est à
craindre d'augmenter le mouvement du sang, certaines
maladies des femmes grosses et des hydropiques ! »


ANDRIEU. — Que nous apprend Andrieu dans cet
*Essai sur les Eaux-Bonnes*, empreint à chaque page
d'une expérience et d'un talent qui donnent à son
trop modeste auteur une autorité des plus incontes-
tées?

« Hufeland, le médecin le plus praticien de ce siècle,
dit avec raison : « Le point fondamental de l'art, est de
« généraliser les maladies le plus possible, et d'indivi-
« dualiser le malade dans la même proportion. »

« C'est imbu de ces principes qu'il faut aborder la pratique médicale, établir mentalement le rapport dynamique
qui lie la lésion anatomique lorsqu'elle existe, à sa manifestation phénoménale, objective et subjective; inter-
préter la valeur absolue et relative de chaque symptôme

envisagé en lui-même, et dans ses connexions avec tous les éléments de chaque histoire pathologique.

« Un agent médicamenteux, quel qu'il soit, mis en rapport avec un être vivant à des degrés plus élevés de l'échelle animale, et avec l'homme en particulier, possède une action absolue, laquelle constitue sa puissance spécifique. Celle-ci est virtuellement contenue en lui, mais elle ne se révèle pas toujours au même degré et sous la même forme chez les mêmes individus.

« La spécificité, envisagée dans ses rapports avec la modification occulte que chaque médicament héroïque établit derrière le masque d'une symptomatologie variable, domine la thérapeutique, ce qui équivaut à dire, qu'à côté de l'action dynamique du médicament, existe le plus souvent une action plus importante, l'action curative spécifique.

« Les Eaux-Bonnes ne font pas exception à la règle. En face de tous les changements introduits par leur usage dans l'économie humaine, il est impossible de ne pas reconnaître que l'action dynamique de ces eaux est une action hypersthénisante, mais je ne crois pas que la stimulation exercée par elle rende raison de tous les changements qu'elles opèrent dans la curation des maladies.

« En considérant ces eaux exclusivement au point de

vue de ses effets dynamiques, on arrive à cette conclusion : que leur action doit être lente, continue, ménagée. »

Nous arrivons maintenant aux propositions que nous trouvons dans les brochures, guides, traités et dictionnaires publiés dans ces derniers temps sur les Eaux-Bonnes.

Tous ont plus ou moins paraphrasé les idées de Bordeu et d'Andrieu, et c'est pour ne pas nous exposer à des répétitions inutiles, que nous les comprenons en bloc dans ce paragraphe spécial.

1° Les propriétés stimulantes des Eaux-Bonnes les font administrer dans les cas où il faut ranimer la vitalité engourdie des organes, et combattre l'état chronique, en imprimant à une maladie lente et obscure une marche plus rapide, plus franche, plus accentuée.

2° Leurs vertus toniques ou reconstituantes les indiquent dans tous les cas d'asthénie générale, d'anémie partielle, alors qu'il s'agit de combattre la prédominance des fluides blancs et de rendre au sang sa plasticité normale et son énergie première.

3° Les effets révulsifs et décentralisateurs doivent être invoqués toutes les fois et quand on se trouve en présence d'affections dont la cause morbide réside dans la

rétrocession et la métastase d'un principe dartreux,
herpétique ou même spécifique.

Dans ces circonstances les effets de l'eau minérale se
manifestent par l'action combinée :

De la spécificité locale;

Et de la stimulation dynamique;

C'est toujours la même succession de phénomènes :

Changement du caractère inflammatoire de l'organe
transformé de l'état chronique à l'état aigu;

Activation des aptitudes fonctionnelles des systèmes
absorbants pour favoriser la résorption des matériaux
plastiques du sang épanché dans la trame du tissu pulmonaire ;

Provocation sur les systèmes cutanés et génito-
urinaires d'une stimulation en quelque sorte révulsive.

«L'Eau-Bonne, ajoute M. Guéneau , répond à une
double indication.

« D'une part en stimulant l'activité des fonctions
nutritives, elle relève les forces, augmente la résistance de l'organisme, lui fournit en quelque sorte le
moyen de lutter avec moins de désavantages contre
l'action des causes morbifiques ; d'autre part, elle
exerce une action incontestable sur l'état catarrhal et
et sur la congestion pulmonaire qui complique la
phthisie. »

DARRALDE. — Avec tous les amis de notre excellent collègue Darralde, nous avons regretté que ses nombreuses occupations ne lui aient pas permis de faire profiter la science et l'humanité de ses méditations journalières sur ses eaux de prédilection. Lui seul aurait fourni un contingent de faits et d'observations aptes à fixer d'une manière péremptoire l'opinion de tous les praticiens.

Voici pourtant quelques-unes des généralités qu'il avait tracées *currente calamo*, pour répondre à la demande de son confrère, le docteur C. James.

« Les Eaux-Bonnes, comme toutes les eaux sulfureuses de la chaîne, ont une action excitante et révulsive qui se traduit par une activité plus grande, imprimée aux fonctions générales, surtout à celles de la peau. Mais indépendamment de cette action, elles en possèdent une substitutive et locale qui, bien que se faisant sentir sur tous les points engorgés, se concentre plus particulièrement sur les affections des organes thoraciques: de là un caractère de spécificité qu'on ne rencontre dans aucune autre source. Cette spécificité d'action modifie diversement la plupart des phénomènes stéthoscopiques essentiels qui se trouvent exaspérés dans certains cas, amoindris dans d'autres, de telle sorte que s'il fallait conclure immédiatement d'après les changements survenus, les Eaux-Bonnes seraient jugées contradictoire-

ment et souvent exclues du traitement des maladies de
l'appareil respiratoire. Et cependant, l'expérience prouve
que c'est précisément pour le traitement de ces affections qu'elles jouissent d'une efficacité tout à fait excep-
tionnelle. C'est que la perturbation momentanée qu'elles
apportent, loin d'être un mal, doit avoir au contraire
une part réelle aux transformations qui conduiront
à la guérison, mais cette perturbation mettra deux
à trois mois pour parcourir ses diverses phases. C'est
donc seulement après ce laps de temps qu'on peut
être fixé définitivement sur les résultats réels de la
cure.

« Mais si l'excitation est ici la règle, il s'en faut de beaucoup que ses degrés doivent en être toujours les mêmes
sur chaque malade. Voici à cet égard ce qu'apprend
l'observation :

« Les phénomènes développés par les eaux sur les affections chroniques des organes respiratoires ne sont, d'habitude, que la reproduction de ceux qui caractérisaient
ces mêmes affections quand elles se trouvaient encore à
leur période d'invasion ; par conséquent, les eaux ra-
mènent momentanément les choses à leur état primitif.
L'inflammation a-t-elle été intense, légère ou insensible, attendez-vous à ce que les eaux éveilleront
des manifestations correspondantes ; il y a plus, que
ce soit la marche suivie autrefois par la maladie elle-

même qui vous serve pour la gradation du traitement
sulfureux. »

## 1° ACTION PHYSIOLOGIQUE SUR LES ANIMAUX

Maintenant que nous avons quelques idées générales
sur l'action des Eaux-Bonnes, nous allons étudier les
divers phénomènes dans leur ordre de succession; nous
les suivrons, d'abord sur les animaux;

Puis sur l'homme à l'état physiologique;

Finalement sur l'individu malade.

De cette manière, nous contrôlerons les opinions pro-
fessées jusqu'ici et nous serons plus à même de reconnaître quelles sont les idées qu'il faut conserver comme
vraies, quelles sont celles qu'il faut abandonner comme
vieilles ou surannées.

Déjà Bordeu s'était enquis de l'action que les eaux
sulfureuses pouvaient exercer sur nos quadrupèdes;
après avoir constaté que ces bêtes avaient éprouvé la
vertu des Eaux-Bonnes, il nous apprend qu'il a cru pou-

voir, sans compromettre la majesté doctorale, ordonner quelques remèdes aux animaux, et il raconte très-naïvement la mésaventure d'un médecin dont le cheval avait la pousse et que l'on menait tous les jours aux Eaux-Chaudes, à son grand déplaisir...

Voici en deux mots les résultats les plus saillants que l'on observe sur un cheval auquel on donne à boire de l'eau sulfureuse de Bonnes à l'exclusion de tout autre liquide :

Au bout de quarante-huit à soixante heures, les premières manifestations consistent dans une accélération plus ou moins intense des contractions cardiaques, et dans l'augmentation corrélative du nombre des mouvements respiratoires; en même temps que les inspirations sont plus fréquentes, elles deviennent plus courtes et leur durée n'est plus en harmonie avec l'expiration.

A ce moment, on perçoit sur le museau une chaleur plus intense; la langue est sèche, rougeâtre, le besoin de boire plus prononcé.

Bientôt entrent en scène les phénomènes qui se réfèrent au trouble des fonctions digestives. Les évacuations alvines augmentent en nombre, passant progressivement par les états liquide, muqueux, mucoso-sanguinolent et dysentérique.

Parallèlement à ces symptômes morbides, il s'opère

dans le système nerveux des modifications qui se traduisent par la tristesse de l'animal, l'abattement, la titubation des jambes, la défaillance musculaire et parfois même l'immobilité.

La nature de ces phénomènes et cet ordre de succession, ne démontrent-ils pas de la façon la plus péremptoire l'action stimulante de l'eau minérale de Bonnes?

### 2° SUR L'HOMME

L'action physiologique des Eaux-Bonnes sur l'homme à l'état de santé, a été l'objet des recherches de tous les médecins qui se sont succédés à la station.

L'unanimité constatée dans les résultats obtenus prouve, jusqu'à la dernière évidence, la régularité de ces manifestations. Les effets sont toujours de même nature, leur intensité seule peut varier et cette intensité se rapporte uniquement aux susceptibilités individuelles des personnes.

Voici l'ordre de production des phénomènes, tel que
nous avons pu le constater sur nous-même à plusieurs
reprises :

1° Une contraction à la gorge, accompagnée de chaleur, de picotement, d'une injection spéciale et caractéristique ; celle-ci se manifeste successivement sur les
amygdales, la luette, les piliers du voile du palais, la
paroi postérieure du pharynx ;

2° Une suractivité dans les fonctions digestives : appétit plus vif, digestions plus faciles, déjections alvines
plus fréquentes ;

3° En même temps, une amélioration notable s'opère
dans la circulation générale ; les mouvements du cœur
augmentent en fréquence et en énergie, le pouls acquiert
de la force et de la résistance ;

4° Le système nerveux ébranlé dans ses aptitudes
fonctionnelles, s'émeut ; au sommeil agité succèdent
les rêves pénibles, à ceux-ci l'insomnie opiniâtre.
Pendant le jour, la scène change, ce sont les céphalalgies sus-orbitaires, l'agitation, l'inquiétude, l'aga-
cement ;

5° Quelques confrères ont cru constater une plus
grande activité des facultés intellectuelles se traduisant
par une conception plus rapide, une émission de la
pensée plus facile. Les effets que nous avons éprouvés
tendaient au contraire à nous jeter dans cet état de non-

13.

chalance que les Italiens appellent, dans leur langage poétique, le *dolce far niente*.

Non-seulement nous n'avions pas d'aptitude au travail, mais nous ne pouvions même pas nous livrer à une lecture trop prolongée.

6° Les manifestations les plus constantes sont la suractivité des sécrétions; la miction est plus fréquente qu'à l'ordinaire et le liquide est clair et abondant. Le système cutané devient le siége d'un mouvement fluxionnaire, modéré; sa température s'élève et il se manifeste après quelques jours une moiteur imprégnée d'une odeur de soufre. Il est facile de se convaincre de l'absorption de l'eau sulfureuse, en plaçant sous les aisselles de petites bandelettes de papier brouillard, imprégnées d'une solution d'acétate de plomb. La couleur blanche se transorme bientôt en coloration noirâtre.

7° On a prétendu aussi que l'activité locomotrice était plus grande; pour notre part, nous avons ressenti tou les phénomènes qui se rapportent à une prostration musculaire, à une véritable courbature.

Les résultats que nous venons d'énumérer, nous les avons obtenus en prenant des doses très-modérées d'eau minérale.

Nous avions commencé par un quart de verre matin et soir, et nous n'avons jamais dépassé la dose de deux verres.

Vers le vingtième jour, nous avons éprouvé ces phénomènes de saturation sur lesquels nous nous appesan-
tirons plus tard.

## INDICATIONS ET CONTRE-INDICATIONS

Pour faire connaître les meilleurs enseignements au
sujet des indications et contre-indications des Eaux-
Bonnes, nous adopterons encore les formules générales
qu'Andrieu déduit des considérations empruntées à la
nature, à la marche, à la période, aux causes et au siége
de la maladie.

Si la thérapeutique est la science des indications,
par quels moyens peut-on déterminer les circonstances
générales qui légitiment ou nécessitent l'emploi d'un
médicament donné?

On atteint le but de trois manières différentes:

1° Par la notion d'un certain ordre de maladies dont
les caractères essentiels dépendent d'une condition dynamique opposée à celle que le médicament est lui-
même susceptible de produire (*contraria contrariis*);

2° Par la connaissance expérimentale de certains effets perturbateurs, agissant plus ou moins dans le sens
de l'aggravation *temporaire* du mal (*similia simi-
libus*);

3° Par l'observation empirique des faits qui nous ré-
vèlent l'intervention des agents modificateurs sur l'état
morbide, à l'aide des procédés curatifs que nous ne
pouvons expliquer d'une manière satisfaisante (médication spécifique).

Ceci posé, quelles sont les indications tirées de l'anatomie pathologique?

Les états morbides constitués par l'œdème, l'engouement, l'engorgement passif, l'induration chronique, sont
d'autant plus susceptibles de disparaître, qu'une loi de
physiologie pathologique domine tout ce qui se rapporte
à la disparition des néoplasmes, alors qu'ils tendent à
altérer un organe, à gêner ou anéantir le jeu de ses
fonctions.

Ces productions accidentelles peuvent en effet disparaître sans subir une dégénérescence putrilagineuse;
elles sont soumises à un travail de résorption qui s'o-
père par des stimulations spéciales dans les parties af-
fectées.

Toute matière épanchée doit être nécessairement re-
prise par le système absorbant.

Nous possédons les faits les plus anthentiques de ré-

sorption, de collections liquides considérables et d'é-
panchements pleurétiques anciens.

Il n'est pas démontré que la matière tuberculeuse
elle-même ne puisse pas rentrer dans le torrent circulatoire pour être éliminée.

Le tubercule déposé dans la masse spongieuse du
poumon, peut être séparé, sans congestion préalable,
en dehors de tout mouvement phlegmasique; dans tous
les cas, s'il est difficile d'amener sa résorption complète, il est plus facile de faire disparaître l'infiltration
du tissu cellulaire ambiant.

Ne voit-on pas tous les jours des malades pâles,
étiolés, amaigris, incapables du moindre exercice, ré-
cupérer tous les attributs de la santé, alors même que
les poumons recèlent une plus ou moins grande quantité de tubercules crus.

Dans les indications tirées de la marche et de la
période, il ne faut que tenir compte de l'état chronique
ou subinflammatoire de l'affection quelle qu'elle soit.

L'étiologie (recherche des causes) servant à établir
l'intervention fondamentale de la thérapeutique, la première indication curative doit consister à rappeler les
symptômes de fluxus hémorrhagicus suspendus (fluxions
hémorrhoïdaires, épistaxis, écoulement vaginal);

D'éruptions herpétiques supprimées;

D'évacuations naturelles qui ne se sont pas encore établies.

Par cela même que les maladies développées sur un sujet affecté d'éruptions prurigineuses, de douleurs rhumatismales, de symptômes de scrofules, retiennent la nature de l'état morbide qui domine la constitution, par cela même les eaux sulfureuses de Bonnes trouveront dans ces circonstances les indications les plus précises.

Quant à celles tirées du siége de la maladie, c'est l'observation clinique qui, en montrant, au milieu des modifications générales sur l'économie, un effet manifestement spécial sur les organes de la voix et de la respiration, a établi l'utilité de l'Eau-Bonne à titre de médicament énergique dans les lésions des susdits organes.

Quelles sont actuellement les principales contre-indications?

La fluxion active, la fièvre, l'inflammation étant de nature à aggraver les phénomènes de stimulus, l'on doit nécessairement proscrire les Eaux-Bonnes, et dans les maladies aiguës, toutes plus ou moins pyrétiques, et dans les périodes des maladies chroniques où il se manifeste des accidents de recrudescence.

C'est à ces moments que l'action dynamique se révèle

par une aggravation des phénomènes inflammatoires;
leur marche se précipite et la fièvre acquiert une intensité nouvelle.

L'état nerveux très-prononcé n'est pas une circonstance favorable pour l'usage des eaux.

Énumérons quelques-unes des contre-indications tirées
des symptômes inséparables de toute affection de la poitrine :

L'hémoptysie, les sueurs, la toux, l'expectoration.

L'hémoptysie ne dépend pas toujours des mêmes
causes; mais comme le plus souvent ces pneumorrhagies
sont symptomatiques d'une accumulation plus ou
moins grande de matière tuberculeuse dans les poumons, il faut administrer les Eaux-Bonnes avec beaucoup de circonspection, ou même s'en abstenir dès que
l'on a des raisons pour redouter cette extravasation du
sang.

Les sueurs partielles ou profuses sont généralement
regardées comme un symptôme de la troisième période
de la phthisie.

Leur coïncidence avec la fièvre hectique, la résorption
purulente, la diarrhée colliquative, impliquent par cela
seul une contre-indication absolue de l'eau minérale;
mais si l'existence des sueurs dépend d'un état de débilité générale chez un individu atteint d'une affection

plus ou moins grave des bronches, cette proscription
n'est plus aussi tranchée.

Comme les symptômes de toux et d'expectoration ne
sont pas toujours en rapport avec l'étendue ou le degré
d'évolution de l'altération organique, on ne peut rien
établir de fixe, d'immuable, au sujet de la contre-indication.

Avant tout, il s'agit de déterminer la corrélation proportionnelle entre le symptôme et la lésion qu'il représente.

En résumé :

« La chronicité, l'asthénie, l'état catarrhal, l'état muqueux, la diathèse scrofuleuse, l'état lymphatique, la
laxité des tissus, la congestion passive habituelle, une
sensibilité un peu obtuse, une irritabilité peu prononcée, la diathèse herpétique, les affections rhumatiques
et hémorrhoïdales, la suppression de certaines sécrétions
habituelles, les engorgements atoniques des tissus,
compliqués ou non de la présence de tubercules à l'é-
tat de crudité; telles sont les conditions pathologiques
qui indiquent spécialement l'administration des Eaux-
Bonnes, alors surtout que par sa manifestation l'état
morbide affecte principalement les organes vocaux et
respiratoires.

« L'état inflammatoire, l'éréthisme nerveux exagéré,
la douleur excessive, l'état spasmodique violent, la

fluxion active, l'état pyrétique, la pléthore prononcée, les sueurs colliquatives; telles sont les contre-indications majeures, absolues ou relatives de l'administration de ces mêmes eaux » (Andrieu.)

### ACTION THÉRAPEUTIQUE

En étudiant l'action des Eaux-Bonnes sur l'homme malade, nous allons retrouver la même nature de phénomènes dans le même ordre de succession.

1b Action sur le système circulatoire.

Les Eaux-Bonnes agissent en accélérant les mouvements du cœur, en rendant ses pulsations plus fortes, plus vites, plus nombreuses, ainsi que nous venons de le constater sur les animaux et sur l'homme (état physiologique).

L'action primitive des Eaux-Bonnes s'exprime souvent par des modifications saillantes, accomplies dans les fonctions nerveuses. Un de ses effets les plus fréquents consiste dans une agitation plus ou moins intense qui se manifeste surtout pendant la nuit, parce que sans doute le malade ressent davantage l'excitation médicamenteuse augmentée par la chaleur du lit, et parce que, d'ailleurs, dans l'isolement et le silence, il perçoit plus vivement les sensations internes et qu'il les analyse mieux.

De là insomnie et céphalalgie sus-orbitaire.

Presque jamais l'excitation des centres nerveux n'est durable, presque jamais *à fortiori*, elle n'est suivie d'accidents qui affectent une certaine gravité.

2° Action sur le tube intestinal.

Ces effets sont essentiellement temporaires; l'augmentation des sécrétions du foie, du pancréas et de la muqueuse intestinale, l'énergie plus grande de l'absorption chyleuse et des contractions du plan musculaire des intestins, amènent tantôt des coliques, des hépatalgies, des évacuations alvines, liquides, muqueuses ou sanguinolentes; tantôt une constipation plus ou moins opiniâtre; parfois, au contraire, la cessation d'une constipation ou d'une diarrhée atonique.

3° Action sur les organes respiratoires.

Le plus souvent, l'arrière-gorge et le larynx donnent simultanément des signes de souffrance, et il se développe de l'ardeur et de la chaleur dans le gosier.

La dyspnée, c'est-à-dire la respiration difficile et la-

borieuse, phénomène qui se rattache à l'existence du
plus grand nombre des maladies des bronches et du
parenchyme pulmonaire, est exaspérée au moins tem-
porairement par l'usage des eaux.

La toux augmente parfois dès les premiers jours.
L'expectoration devient plus abondante en même temps
qu'elle est rendue plus facile.

L'hémoptysie, que nous devons considérer comme une
complication ordinaire des maladies du poumon et du
centre circulatoire, se manifeste avec une intensité qui
varie depuis quelques stries de sang disséminées sur
les crachats, jusqu'à de véritables hémorrhagies caractérisées par l'exspuition d'un sang spumeux et rutilant.

Les douleurs pleurodyniques, qui siégent sur les
diverses parties du thorax, se trouvent augmentées et réveillées après quelques verres d'eau sulfureuse.

4° Action sur la peau.

Le phénomène le plus constant, c'est l'augmentation
de la transpiration insensible, arrivant à la moiteur et
à la sueur prononcée. Comme conséquence de ce transport de l'énergie vitale, du centre à la circonférence, on
voit apparaître diverses éruptions cutanées ayant la
fluxion pour élément fondamental, mais variant de forme
de l'eczéma à l'acné, de l'herpès préputialis à l'impétigo,
de l'urticaire aux éruptions pustuleuses.

5° Action sur les voies urinaires.

Comme toutes les boissons aqueuses, les Eaux-Bonnes augmentent dans un temps donné la sécrétion des reins d'une manière proportionnelle à la quantité de liquide ingéré, mais de plus, elles agissent en raison des propriétés médicamenteuses, dont nous venons de constater les manifestations sur toutes les membranes muqueuses.

Récapitulons avec Andrieu les effets produits par l'administration des Eaux-Bonnes.

Les forces générales sont augmentées et l'agilité plus grande.

Le sommeil est agité et l'intelligence plus active.

Les battements du cœur deviennent plus nombreux, plus forts et le pouls plus ample, plus fréquent, plus dur.

Le mouvement hémorrhagique se dirige du centre vers la circonférence, et le sang, selon les circonstances, s'échappe par les règles, les hémorrhoïdes, les fosses nasales ou les bronches.

L'appétit devient énergique et le plan musculaire intestinal se réveille de sa torpeur.

Les sécrétions sont à leur tour modifiées; l'exhalation cutanée et l'excrétion urinaire augmentent.

En un mot, les deux grands systèmes de l'économie humaine, ceux en qui se concentre plus spécialement la vie, le système nerveux et le système circulatoire, ont évidemment subi dans les forces qui les animent une modification qui se manifeste par une exagération de leur activité normale.

Cette action dynamique est donc une action hypersthénisante par excellence.

## APPLICATIONS PARTICULIÈRES

Après avoir consacré tous les développements qui précèdent à l'étude générale de l'action des Eaux-Bonnes dans les diverses circonstances de ses manifestations, nous allons faire l'application des principes aux cas spéciaux pour lesquels on invoque leur intervention salutaire.

Nous suivrons dans cet examen la marche la plus propre à éclairer ces importantes questions en procédant du simple au composé.

Il est bien entendu que nous laisserons de côté, pour le moment, l'ensemble des conditions hygiéniques ou climatologiques capables d'exercer une influence bienfaisante sur les diverses maladies.

## LÉSIONS DU PHARYNX ET DU LARYNX

Nous comprendrons sous une seule dénomination les maladies qui affectent la partie supérieure des voies digestives et aériennes, s'étendant non-seulement au pharynx, mais encore au voile du palais, à ses quatre piliers, aux amygdales, et à la paroi postérieure des fosses nasales.

Avec Boerhaave, dans son 785e aphorisme, nous les appellerons angines, et en ajoutant l'épithète glanduleuse, nous exprimerons avec le professeur Chomel, l'apparence extérieure de la maladie et son caractère le plus saillant.

Les travaux publiés sur cette affection si commune de nos jours, ne datent que d'une quinzaine d'années.

Les plus importants sont, en France :

Les Leçons du professeur Chomel (angine granuleuse ou glanduleuse); — la Thèse du docteur Buron (phaimgite granulée); — et le Traité du docteur Noël Guéneau de Mussy (l'angine glanduleuse).

En Amérique :

L'ouvrage du docteur Lee de New-York (*Clergymen's sore throat*); et la Monographie intéressante et si complète du docteur Green (*Follicular Disease of the Pharyngo laryngeal membrane*).

Ces publications, et plus particulièrement la dernière (dont la première édition remonte à 1846), nous offriront les renseignements nécessaires pour établir en quelques mots la symptomatologie, la marche et le traitement de l'angine granuleuse.

Celle-ci est caractérisée par une certaine altération de la voix, par le besoin fréquent de faire une expiration brusque et bruyante; par le développement morbide des glandules, s'élevant au-dessus de la surface de la muqueuse, et formant ainsi des granulations d'aspect et de volume divers.

Les phénomènes que l'on constate à la première période, sont :

L'injection générale de l'isthme, du voile du palais et du pharynx;

La coloration variant de nuance, du rouge purpurin uniforme aux taches ou au pointillé fin.

Le voile du palais est perlé d'une multitude de saillies, arrondies, tranchant par leur aspect luisant sur la teinte plus mate de la muqueuse.

Le réseau des vaisseaux capillaires est bien dessiné.

La luette est allongée, élargie, pendante; sa surface est inégale, injectée, couverte d'aspérités.

Le pharynx, hérissé de granulations très-différentes par leur forme et leur volume, est le siège d'une injection vive de couleur écarlate.

Plus tard, les nombreuses saillies glanduleuses offrent à leur sommet des taches jaunes, d'où sort parfois un liquide puriforme.

La disposition hypertrophique des glandules sous-muqueuses s'étend aux follicules de la langue à sa partie postérieure.

A la deuxième période, tous les phénomènes deviennent plus saillants et tous les accidents s'exaspèrent.

D'une part, on constate l'éraillement et la raucité de la voix, la cuisson, le picotement, la brûlure du gosier, la fréquence du *hem*, l'augmentation de la sécrétion, l'apparition de la toux, la douleur dans la déglutition (douleur s'étendant aux trompes d'Eustache).

D'autre part on voit :

L'état variqueux plus marqué des capillaires;

L'injection plus prononcée;

Les granulations plus saillantes;

A la longue un travail atrophique s'empare de tous

ces tissus, et la gorge apparaît alors élargie et *cavernous*, comme le dit avec raison le docteur Green.

Les conditions pathologiques de l'angine glanduleuse présentent les caractères assignés à toutes les phlegmasies chroniques; mais comme l'inflammation n'est qu'une réaction contre un stimulus, qu'elle ne revêt pas d'ordinaire ce caractère de chronicité, il faut chercher la cause qui la produit et qui l'entretient. Or des faits nombreux viennent ici confirmer la conception pathologique de Chomel. C'est la diathèse herpétique qui doit être considérée comme la cause efficiente de l'angine, ou tout au moins comme la condition spéciale qui, en modifiant l'inflammation produite, lui donne une marche et des tendances *sui generis*.

La coïncidence fréquente des dartres avec l'affection établit en dernière analyse, en faveur de cette connexion pathologique, la plus grande somme de probabilités.

Quel sera le traitement que l'on peut opposer d'une manière efficace à l'angine glanduleuse?

D'après ce que nous venons de rappeler, il doit satisfaire à une double indication :

Attaquer la lésion locale;

Modifier la condition générale de l'organisme qui produit et maintient ladite lésion.

(Nous laissons de côté bien entendu les ressources

hygiéniques que nous offrent la nature du régime, le séjour d'hiver, etc.)

De tout temps les auteurs ont reconnu l'efficacité du
soufre dans les maladies dartreuses, et alors même
qu'on ne voudrait pas le considérer comme un médicament spécifique, il faut admettre qu'il imprime une modification heureuse, et à l'état local lui-même, et à l'état
constitutionnel, dont la lésion cutanée n'est que l'expression.

L'exaspération de certains phénomènes du côté
de la peau qui constituent les *poussées*, n'est que temporaire : elle est toujours suivie d'une amélioration
réelle.

Dans la majorité des cas, le seul usage des eaux sulfureuses est suffisant pour amener la maladie à une solution complète.

Lorsqu'elles restent inefficaces, l'on doit invoquer les
ressources de la médication topique.

Ici se place la méthode créée, pour ainsi dire, par le
professeur Trousseau[1], et consistant à porter sur les parties malades, au moyen d'une tige de baleine particulière, soit des solutions caustiques, soit des poudres d'a-
lun, de sous-nitrate de bismuth ou autres.

---

[1] *Traité pratique de la phthisie laryngée, de la laryngite chronique et des maladies de la voix*, 1837, in-8.

Nous citerons pour mémoire :

Les badigeonnages avec la teinture d'iode ou l'acide azotique;

Les fumigations sèches obtenues par la combustion de la jusquiame ou de la datura;

Les inhalations de goudron;

Les cigarettes arsénicales;

Les révulsifs préconisés par le docteur Green (frictions avec pommade émétisée);

L'excision de la luette.

Pour résumer ce que l'expérience de tous les jours nous démontre, nous dirons :

La médication sulfureuse seule ou combinée avec les cautérisations est celle qui compte le plus de succès dans le traitement de l'angine glanduleuse.

Si donc les eaux sulfureuses peuvent à elles seules amener la guérison de la maladie, l'on conçoit aisément l'efficacité des Eaux-Bonnes.

Sous leur influence, l'innervation devient plus puissante; la nutrition et l'assimilation sont plus actives; toutes les fonctions s'exécutent avec plus d'harmonie, et cette excitation générale se traduit par une plus grande somme de bien-être.

Ajoutons à cela la plus grande énergie des fonctions

de la peau et des reins, ces émunctoires puissants du corps humain.

Nous retrouvons l'application des principes généraux sus-énoncés. Indépendamment de l'introduction même de l'agent sulfureux, nous avons une action générale sur l'organisme, une action sur la peau, une action sur les reins.

De là découle la triple indication de faire usage de l'eau de Bonnes en boisson, en bains, en gargarismes.

L'association de ce traitement général et du traitement topique par les cautérisations avec le nitrate d'argent, n'est indiquée que dans le cas où l'engorgement des glandules est très-considérable, et dans ceux où les granulations dures et anciennes s'étendent aux cordes vocales et produisent une altération très-prononcée de la voix.

Avant de quitter ce sujet, transcrivons quelques lignes de Darralde sur la question.

« C'est dans la pharyngite que les phénomènes d'excitation locale sont plus directement mis en relief par les eaux.

« Dans la pharyngite simple, les sensations aiguës (picotements, constrictions, chaleur), qui avaient caractérisé la période d'invasion, reparaissent avec une rapidité extrême par l'effet des eaux.

« Ces recrudescences d'excitation locale se répètent, à deux ou trois reprises, pendant le cours du traitement; enfin, elles disparaissent pour ne plus revenir, emportant avec elles la maladie dont elles étaient simplement l'expression.

« La pharyngite granulée, qui est ordinairement symptomatique d'une affection de la peau, éprouve les mêmes effets des Eaux-Bonnes que la pharyngite simple. Si les évolutions se sont faites d'une manière indolente et chronique, ces mêmes caractères persistent pendant toute la cure. On aboutit à la guérison dans les cas où la réaction est vive, et dans ceux où elle est à peine sensible.

« Il en est de la laryngite absolument comme de la pharyngite, pour ce qui a trait à l'excitation localisée que produisent les Eaux-Bonnes. Vous devez, quant à la direction du traitement minéral, consulter les antécédents de la maladie et vous y conformer de manière à ne reproduire que des phénomènes analogues à ceux qui l'avaient caractérisée à son début. »

Comme nous l'avons dit plus haut, nous embrassons ces lésions, et dans une conception pathologique plus générale et sous une dénomination plus simple; mais nous ne saurions trop insister sur la vérité de cette dernière recommandation de notre très-regretté confrère.

14.

### LÉSIONS DES BRONCHES ET DU TISSU PULMONAIRE

Comme complément de son remarquable essai sur les Eaux-Bonnes, le docteur Andrieu publia, en 1847, un Mémoire : *Des Indications spéciales de l'administration des Eaux-Bonnes.*

Est-il nécessaire d'ajouter que nous avons recueilli dans sa lecture beaucoup de profit, et que nous serons heureux de la mettre à contribution.

« L'expérience de tous les jours, dit-il, nous prouve que l'usage bien dirigé des Eaux-Bonnes guérit radicalement ou modifie d'une manière très-avantageuse les maladies de la poitrine, alors même que celles-ci s'annoncent sous les dehors les plus graves. »

Il s'agit, bien entendu, de la période apyrétique de ces maladies, celles qu'Antoine Bordeu appelait les aiguës *allongées*, et chez lesquelles Cabanis, après Bordeu, préconisait le soufre en lieu et place du kermès minéral.

« Ce n'est que lorsque des catarrhes, des pneumonies ou des pleuropneumonies sont passés, malgré toutes les ressources de la thérapeutique ordinaire, à l'état de chronicité que les Eaux-Bonnes peuvent être administrées sur les lieux. »

Malgré les conquêtes du stéthoscope et du plésimètre l'on est forcé de reconnaître que le diagnostic des affections des poumons est souvent difficile.

L'ensemble des symptômes physiques ou rationnels regardés généralement comme l'expression d'un état morbide, ne lui appartiennent pas d'une manière exclusive, et souvent on les retrouve dans d'autres lésions plus ou moins congénères.

« Et qu'on ne croie pas, ajoutait Darralde, que de semblables méprises soient rares; loin de là, elles se commettent tous les jours. Il est souvent impossible, à l'aide seul de nos moyens actuels d'investigation, de pouvoir les éviter. En effet, l'auscultation et la percussion nous apprennent bien, à certains signes connus de tout le monde, qu'une portion quelconque du poumon est indurée dans telle étendue et à telle place, mais elles sont impuissantes à spécifier la nature même de cette induration. Il faut alors s'en rapporter à l'état général, lequel n'a pas toujours de signification bien positive.

« Or, c'est précisément dans ces cas douteux que les Eaux-Bonnes, en faisant ainsi la part de ce qui appartient soit à l'engorgement, soit aux tubercules, constituent une pierre de touche infaillible. »

Une légende populaire de la vallée consacre cette affirmation en établissant même une gradation entre la source Baudot des Eaux-Chaudes et celle de la Buvette.

Quoi qu'il en soit, les succès incontestables de notre médication hydro-minérale, dans les affections pulmonaires, appartiennent à deux catégories :

1° Les lésions diverses de ces organes (sans contredit les plus nombreuses) où il n'existe pas de tubercules;

2° Celles (en petit nombre), caractérisées par la présence indubitable du produit de nouvelle formation.

Parmi ces affections multiples, non définies ou mal définies par les auteurs, et ayant néanmoins pour expression un ensemble de symptômes très-analogues, pour ne pas dire semblables à ceux présentés par la phthisie, nous citerons l'hépatisation planiforme de MM. Hourman et Dechambre (infiltration œdémateuse et congestive du tissu);

La carnification congestive de MM. Charles Robin et Isambert (sous la dépendance d'une maladie de cœur);

Les granulations grises de MM. Charles Robin et Lorain (distinctes du tubercule malgré les apparences extérieures);

Les phlegmasies plus ou moins chroniques des bronches, du tissu pulmonaire, des plèvres (fausses membranes, hypertrophies, transformations histologiques);

Les cas spéciaux d'abcès du poumon et de poches d'hydatides. (Observation intéressante sur un jeune homme de vingt-cinq ans, que nous avons présenté en 1860 à nos confrères de la station.)

Comment s'exprime Andrieu?

« Les Eaux-Bonnes peuvent être considérées comme un remède souverain dans le traitement des maladies pulmonaires que l'on a désignées sous le nom de : catarrhe chronique, bronchorrée, catarrhe atonique, phthisie muqueuse ou pituiteuse, blennorrhée du poumon ou des bronches, catarrhe consécutif. »

Ce sont ces maladies que les anciens avaient rangées dans la classe des *tabes* ou marasmes, par suite d'épuisement des sucs et des forces.

Celles comprises sous la dénomination de rhumes sont mûries par les Eaux-Bonnes, selon l'expression pittoresque de A. Bordeu.

Dans tous les cas, les Eaux-Bonnes agissent non-seulement par l'action résolutive et tonique qu'elles exercent sur le poumon d'une manière en quelque sorte spécifique, mais encore en rétablissant les fonctions de l'organe cutané presque toujours plus ou moins abolies.

On sait que les altérations de l'excrétion sudorale engendrent à la surface des membranes muqueuses des flux antagonistes connus sous le nom de catarrhes.

Le rétablissement des évacuations humorales fournies habituellement par la peau, et la vitalité nouvelle
imprimée à cette enveloppe par l'usage des Eaux-Bonnes
préviennent la récidive des maladies pectorales et rendent ceux qui en étaient affectés moins impressionna-
bles à l'action des changements brusques de température, du froid humide. Sous l'influence de la stimulation
sulfureuse, les radicules bronchiques reprennent leur
tonicité et leur contractilité normales, les vaisseaux des
poumons subissent les mêmes modifications, et les matériaux du sang, épanchés dans les interstices de cet
organe, rentrent dans le torrent circulatoire.

Voici comment Darralde envisage la question :

« Il est rare que la bronchite simple résiste à une saison d'eau; quand il y a de l'emphysème, la guérison est
plus lente.

« L'action du traitement se limite à la disparition de
l'engorgement concomitant; quant à l'engorgement plus
ou moins étendu du poumon qui caractérise la pneumonie chronique, il éprouve tout d'abord une période
d'aggravation momentanée (anxiété, oppression).

« Puis à ces signes d'excitation locale succède une résolution progressive, et le tissu pulmonaire reprend
promptement sa perméabilité.

« Qu'advient-il dans le cas d'hémoptysie, d'asthme et
de pleurésie?

« L'hémoptysie est souvent un symptôme des diverses maladies du poumon ou du cœur ; mais parfois la surface des bronches peut devenir le siège d'une exhalation sanguine, tout aussi bien que les muqueuses nasale, gastrique, intestinale, et cela en dehors de toute lésion organique développée dans le parenchyme du poumon.

« Chez les femmes, l'hémoptysie peut tenir à l'existence d'une dysménorrhée, et constituer une simple déviation de l'excrétion cataméniale.

« Chez les hommes, elle peut se lier à un changement de direction du flux hémorrhoïdaire.

« Dans les deux sexes enfin, elle peut se trouver en rapport avec l'état scorbutique, l'extravasation du sang au niveau des parties frappées de débilité profonde (hémoptysie atonique de P. Frank), l'asthénie des tissus, le défaut de plasticité du sang.

« Toutes les hémorrhagies de cette nature, toujours indépendantes d'une lésion organique du cœur, sont heureusement modifiées par le traitement hydro-minéral. »

La conduite à tenir dans les cas où l'hémoptysie dépend de l'affection pulmonaire nous est tracée par Darralde :

« L'hémoptysie est un des accidents qui inspirent le plus d'effroi aux malades ; or, les Eaux-Bonnes ont-elles réellement le triste privilége d'en favoriser le retour, ou même de le provoquer de toutes pièces?

« Il faut se rappeler ce que nous avons dit de la facilité extrême avec laquelle les types primitifs se reproduisent sous l'influence de l'action excitante des eaux.

« L'hémoptysie s'observe plutôt chez les individus pléthoriques que sur les personnes chloro-anémiques, pour qui sont réservées de préférence les Eaux-Bonnes; mais dès que les crachements de sang ont eu lieu, il faut redoubler de précautions pour ne pas les voir se répéter. »

## ASTHME

Variable dans ses causes, insaisissable dans sa nature
et son siége, constant dans l'expression de ses phénomènes, l'asthme est une maladie que l'on classe parmi
les *névroses;* il est dit alors essentiel; on le désigne sous
le nom de symptomatique quand il se rattache comme
symptôme à une affection du cœur, ou à l'emphysème
pulmonaire.

L'asthme véritable est caractérisé au début par une
période nerveuse essentiellement spasmodique; les répétitions de ces mouvements fluxionnaires, apyrétiques,
dirigés sur le poumon, sont précédées d'une dyspnée
extrême, et terminées par l'expectoration des matières
muqueuses accumulées en plus ou moins grande quantité dans les divisions de l'arbre bronchique.

Ces deux phénomènes d'engouement pulmonaire et
d'excrétion de mucosités, constituent l'élément catarrhal, muqueux, métastatique si heureusement modifié

par les Eaux-Bonnes, quand on en use longtemps et à plusieurs reprises. C'est toujours l'application des mêmes principes généraux : c'est toujours l'action stimulante de l'eau sulfureuse s'attaquant à l'atonie des bronches, l'engouement de ses conduits, le boursoufflement de sa muqueuse par suite de la distension asthénique des vaisseaux capillaires.

Bordeu avait tellement de confiance dans ces eaux qu'il conseillait aux asthmatiques d'en faire leur boisson ordinaire.

De son côté, Darralde les prémunit contre les inconvénients résultant de l'exacerbation des premiers accès au moment de l'arrivée. Cela tient à l'élévation barométrique de la localité (747$^{m}$ au-dessus du niveau de la mer).

« Dans ces cas, il est rare que le bénéfice du traitement soit appréciable au moment du départ; souvent il leur reste encore une certaine anxiété en respirant; mais celle-ci se dissipe aussitôt qu'ils arrivent à Laruns ou à Pau; alors ce n'est plus seulement une amélioration momentanée, c'est le signal d'une guérison définitive. »

## PLEURÉSIE

Les épanchements pleurétiques compliqués ou non de dépôts pseudo-membraneux, sont encore heureusement modifiés par les Eaux-Bonnes. Sous l'influence de leur excitation, il s'établit un travail de réparation dans la cavité de la plèvre; les liquides et les fausses membranes sont graduellement résorbées, et l'affection disparaît après avoir été préalablement ramenée à l'état aigu.

Dans ces occurrences, il ne faut pas négliger la médication accessoire et rationnelle (application de larges vésicatoires; suspension momentanée de la boisson). Ce traitement, à la fois révulsif et spécifique, fait tomber la fièvre; les plèvres se dégagent, la convalescence s'établit, et la guérison se consolide.

### PHTHISIE PULMONAIRE

En prononçant ce mot de phthisie pulmonaire, nous tenons à faire, préalablement et en peu de mots, notre profession de foi.

Tout en reconnaissant la difficulté du diagnostic dans certains cas donnés;

Tout en convenant de la rareté de *faits précis*, nous admettons, en invoquant l'observation clinique, la marche des symptômes et les résultats anatomo-pathologiques :

1° Que la guérison spontanée de la phthisie est possible, réelle;

2° Que cette guérison ne peut s'obtenir par un seul spécifique.

Si la guérison spontanée est possible, tous nos efforts doivent tendre à favoriser les efforts de la nature médicatrice; mais comme la maladie est protéiforme, qu'elle résulte de l'action de plusieurs états morbides distincts, qu'elle est autant constituée par la lésion de l'état local que par les perturbations de la diathèse, il s'ensuit que ce n'est pas dans un seul médicament qu'il faut en chercher la modification efficace, mais bien dans un ensemble d'agents thérapeutiques et hygiéniques, au premier rang desquels viennent se placer l'huile de foie de morue, l'eau sulfureuse de Bonnes, le chlorure de sodium, et les climats tempérés.

Nous sommes désolés de ne pas partager l'avis que M. Jules Guyot expose dans sa lettre à M. Amédée Latour; il regarde la phthisie comme une diathèse *sui generis*, et il cherche dès lors pour la combattre un spécifique qui n'est point dans les ferrugineux, qui n'est pas dans les préparations d'iode.

Quant à l'air comprimé, c'est-à-dire au séjour plus ou moins prolongé des malades dans une salle où la pression atmosphérique, augmentée artificiellement, est maintenue constamment à 800 ou 900 millimètres de mercure, nous ne pouvons malheureusement pas le juger par expérience personnelle.

En théorie, cette compression réparatrice et tonique de l'atmosphère, exempte de toute influence extérieure et de toute variation, devrait avoir sur les poumons une influence remarquable et pour ainsi dire immédiate; mais, pratiquement parlant, il n'y a pas encore une série de succès bien établis.

Pour le moment, considérons cette nouvelle méthode de respiration comme un complément des agents thérapeutiques ci-dessus énoncés.

Loin de nous la prétention de vouloir tracer ici la monographie de cette terrible affection. Par cela même qu'elle se trouve si fréquente, elle est parfaitement connue de tous les praticiens.

Nous nous bornerons à rappeler les idées les plus généralement admises en France et en Angleterre, et, à cet effet, nous résumerons d'une part les discours prononcés à l'Académie impériale de médecine, dans la récente discussion sur le très-remarquable Rapport de notre excellent confrère le docteur Blache[1]; de l'autre, le travail très-intéressant publié à Londres par M. Hugues Bennett sur la thérapeutique de la phthisie.

Le premier orateur inscrit dans cette discussion, M. Bouchardat, a exposé, dans un langage précis et lumineux, ses idées sur l'étiologie et la prophylaxie de la tuberculisation pulmonaire.

Il établit, avec le docteur Louis[2], que l'étude des causes est le point le plus important de l'histoire de la phthisie; mais qu'il est aussi le plus obscur; puis, par

---

[1] *Bulletin de l'Académie de médecine*, 1861, t. XXVI, p. 1284.
[2] *Recherches anatomiques, pathologiques et thérapeutiques, sur la phthisie*, Paris, 1843.

des faits observés sur les glycosuriques et les vaches laitières, il prouve :

1° Que la continuité dans la perte des aliments de calorification, en proportion considérable, conduit à la tuberculose ;

2° (Par d'autres faits recueillis sur les singes, les noirs transportés dans les pays froids, les prisonniers arabes internés en France), que la continuité dans l'insuffisance des aliments de la calorification, eu égard à la température extérieure et aux besoins de l'organisation, engendre la phthisie pulmonaire.

Voici l'énoncé de sa formule étiologique :

« La continuité dans l'insuffisance de la production de chaleur ou de l'exhalation d'acide carbonique, eu égard au besoin de l'organisation, conduit à la tuberculisation pulmonaire. »

« Si le but principal de l'hygiène, ajoute le savant professeur, est d'allonger la vie en prévenant les causes de maladie, soit les prédisposantes ou éloignées, soit les excitantes ou déterminantes. Il faut, de toute nécessité, au moyen des aliments de calorification, mettre en harmonie la consommation avec la dépense. »

Nous retrouvons la confirmation de ces principes dans l'étude des conditions qui agissent pour la production de la maladie.

Ages (maximum de la force).

Sexes (ravages égaux ou plus forts chez ceux qui travaillent davantage).

Constitution, tempérament (manque de données exactes).

Contagion (pas admise en France).

Professions (incertitude des statistiques administratives).

Excitations réitérées des poumons (l'exercice modéré par le chant et la déclamation est salutaire).

Vaccination (MM. Carnot et Bayard considèrent son influence comme fâcheuse).

Rougeole (Sydenham, Frank et M. Rayer admettent une certaine analogie de spécificité; pour M. Rufz, elle n'agit que comme cause affaiblissante).

Fièvre typhoïde (la condition de production, c'est la longue durée de la maladie, et la diète).

Influences morales déprimantes (elles amènent l'anorexie et la difficulté des digestions, l'alanguissement de la nutrition, la misère physiologique).

Vêtements (la flanelle est utile pour se défendre contre la continuité du froid).

Température, climat (question complexe : le refroidissement détermine les bronchites; pour la tuberculisation, il faut une continuité d'action).

Influence de la mer et de la navigation (admise

par Forster, contestée par le docteur J. Rochard de Brest [1]).

HÉRÉDITÉ (pour M. Louis, un dixième est issu de parents phthisiques).

M. Piorry, après avoir constaté que la thérapeutique s'est ressentie, au sujet de la phthisie, comme au sujet de toutes les maladies possibles, de l'influence des doctrines médicales, adopte les propositions suivantes :

1° La phthisie est une collection de phénomènes morbides variables, et non pas une unité morbide.

2° Il n'existe, et il ne peut exister un médicament spécial ou spécifique propre à combattre ou à détruire une unité morbide qui elle-même n'existe pas.

3° C'est le diagnostic exact et méthodique qui promet d'établir avec certitude, et de dénoncer les états pathologiques qui composent la phthisie.

Si le traitement utile repose sur la connaissance de ces états, la thérapeutique judicieuse de cette prétendue unité morbide consiste à bien la diagnostiquer.

[1] *De l'influence de la navigation et des pays chauds sur la marche de la phthisie pulmonaire*, Paris, 1856.

Il nous semble que le savant professeur de la Charité se préoccupe trop de l'état local, et qu'il ne tient pas assez compte des phénomènes généraux qui se réfèrent à la diathèse.

Celle-ci peut échapper au plessimètre, mais elle se déduit de l'observation clinique et de l'étude des symptômes mis en rapport avec leur manière d'être et avec leur étiologie.

D'après M. Hugues Bennett, l'origine de la phthisie pulmonaire doit se placer dans un trouble de la digestion, produisant :

1° Un appauvrissement du sang ;

2° Des exsudations tuberculeuses dans le poumon.

De là se déduisent trois indications :

A. Améliorer le trouble de la nutrition ;

B. Favoriser l'absorption de l'exsudation déjà déposée ;

C. Prévenir par l'hygiène le retour d'exsudations nouvelles.

A. Pour améliorer la nutrition, il faut produire l'assimilation d'une grande quantité de matières grasses.

L'huile de foie de morue, cet analeptique par excellence, est l'aliment le plus apte à réparer les forces épuisées, améliorer les fonctions nutritives, arrêter ou diminuer l'amaigrissement, suspendre la transpiration, calmer la toux et l'expectoration, produire une modification favorable sur l'état local.

B. Pour favoriser l'absorption des exsudats et calmer la fièvre symptomatique, il faut employer, dans les formes aiguës, de petites doses d'antimoine, des diurétiques, du sulfate de quinine.

Dans les formes chroniques, les topiques révulsifs, la pommade stibiée, l'huile de croton tiglium.

La doctrine qui soutient l'origine inflammatoire des tubercules est, pathologiquement parlant, exacte, mais les saignées locales ou générales n'amènent que des soulagements temporaires; l'hépatisation guérit mieux par les moyens aptes à relever la nutrition générale.

C. Pour prévenir enfin les exsudations nouvelles, il ne suffit pas d'éviter les circonstances susceptibles de détériorer la constitution d'une part, ou d'amener une congestion pulmonaire de l'autre, il faut encore employer des ressources variées (bon climat, exercice modéré, ventilation convenable, alimentation nutritive, etc.), et se rappeler sans cesse que la première condition de succès c'est la persévérance.

Voyons actuellement quelles sont les idées admises

dans la science au sujet du tubercule. C'est là une question préliminaire du plus haut intérêt : en connaissant la genèse du tubercule, sa manière d'être, ses métamorphoses, nous pourrons nous rendre un compte plus exact de ce que l'on peut raisonnablement attendre d'une bonne thérapeutique.

Les opinions sont très-divergentes sur la nature du tubercule et le mode de son développement.

Pour les médecins français, le tubercule est le produit d'une exsudation morbide.

Pour les médecins allemands, c'est la conséquence d'une métamorphose, d'une dégénérescence atrophique des éléments normaux de nos tissus; le professeur Virchow considère le tubercule comme un grain, un nodule représentant une néoplasie à structure cellulaire.

La divergence des opinions sur la question de physiologie pathologique relative au développement du tubercule se produit sur la question de nature et d'aspect.

Pour les uns, le tubercule est organisé et contient des cellules à noyau.

Pour le plus grand nombre, comme tous les produits d'excrétion, le tubercule ne présente aucun des attributs de l'organisation.

Quant à l'aspect de la matière tuberculeuse, pour

ceux-là le tubercule est caractérisé par un élément histologique spécial; pour ceux-ci, par une matière amorphe.

Le tubercule a son siége dans le tissu interstitiel du poumon, et la matière tuberculeuse ne se développe jamais ni dans l'intérieur des vésicules, ni dans l'épaisseur des cellules épithéliales.

Voici la conclusion des recherches publiées dernièrement par M. le professeur Laveran.

« Pour nous, le tubercule nous semble produit par un état du fluide nourricier qui rappelle le degré de dégradation que ce fluide subit lorsque, n'étant plus représenté par le sang, la lymphe et la sérosité, qui sont les trois aspects sous lesquels il se produit chez les animaux supérieurs, il arrive à n'être plus constitué que par une humeur sarcodique contenant quelques cellules plasmiques : « en effet, partout où se développe le tubercule, la circulation s'arrête, l'irritabilité s'éteint. »

Le docteur Mandl regarde ces productions comme privées de toute organisation, et composées uniquement par une substance amorphe, solide, qui résulte de la coagulation d'une matière précédemment dissoute dans le sang, puis exsudée.

Nous sera-t-il permis de rappeler très-sommairement la manière dont nous avons envisagé la question dans notre *Étude sur la marche de la tuberculisation dans les pays chauds*[1].

Le tubercule pulmonaire est un produit morbide accidentel, sans analogues dans l'état sain, qui se développe dans l'organisme sous deux formes ou variétés : la grise et la jaune. La grise est de beaucoup la plus commune; de forme ovoïde, d'une dureté et d'une apparence assez semblable à celle des cartilages, du volume d'un grain de millet ou de chènevis, elle traverse ordinairement ses propres périodes jusqu'à son ramollissement et son expulsion. La jaune est opaque, d'une faible consistance, d'une coloration foncée, plus volumineuse.

Les unes et les autres forment des réunions, et se déposent dans les tissus sous trois formes.

[1] L'émigration dans les pays chauds exerce une influence incontestable sur la marche de la tuberculose pulmonaire.

Cette influence peut être modifiée par des circonstances accessoires très-variées.

Elle n'est jamais de nature à détruire le germe de la maladie, mais elle peut parfaitement l'empêcher de se développer et l'arrêter ainsi dans les phases de son évolution.

Cette influence améliore d'une part les conditions générales de l'organisme ; de l'autre elle concourt à limiter les progrès de la lésion locale, en cicatrisant les cavernes, en favorisant le processus subinflammatoire de réparation organique.

En un mot le phthisique trouve toujours un soulagement dans un pays chaud et tempéré, quand le mal est à son origine et lorsque le lieu de séjour est parfaitement adapté aux besoins de son idiosyncrasie particulière, aux nécessités de la nature spéciale de la lésion pulmonaire.

Tubercules miliaires isolés séparément, plus ou moins répandus au milieu des lobes supérieurs.

Agrégations de tubercules plus ou moins groupés, répandus avec une certaine régularité, liés ensemble ou séparés par du tissu pulmonaire.

Infiltrations tuberculeuses, produits accidentels farcissant entièrement tout ou partie du lobe, comme pour constituer une masse compacte.

Les opinions sont divergentes sur la structure et la composition élémentaire du tubercule; mais, en termes généraux, l'on peut dire qu'ils sont formés d'une masse parfaitement inorganisable.

Les résultats de l'examen microscopique varient avec les différentes périodes du développement.

Récemment sécrété, le tubercule ressemble à une exsudation inflammatoire de nouvelle formation.

A une époque plus avancée, il a l'aspect de lait caillé; lorsqu'il est en voie de ramollissement, les cellules sont très-visibles, parfaitement isolées, ovales, et plus transparentes; les granules sont aussi plus distincts.

Enfin, après la complète destruction du tubercule, les cellules irrégulièrement pressées ensemble, nagent dans un fluide légèrement trouble, qui contient des débris, des productions épithéliales, et parfois des corpuscules de pus.

Quelle est la marche, ou, pour mieux dire, quelles

sont les métamorphoses successives de cette sécrétion morbide qui se fait sur les parois des cellules pulmonaires?

Ou ce dépôt n'éprouve aucun changement par l'absorption des parties aqueuses et reste à l'état latent, ou il fait naître par sa présence, comme corps étranger, une irritation des tissus circonvoisins qui amène le développement et la fonte du produit.

Le tubercule agit comme un corps étranger sur les tissus environnants; il excite une inflammation suppurative, qui, en réagissant sur le produit de sécrétion, en amène le ramollissement de la surface externe à l'intérieur.

Quand l'exsudation plastique se dépose sur la circonférence du tubercule, elle l'enveloppe comme un véritable kyste et l'isole; mais lorsque la désorganisation a lieu, et qu'elle ne se limite pas aux cellules pulmonaires qui entourent immédiatement le dépôt morbide, l'effusion s'effectue dans la série des lobules sains.

Le premier cas constitue l'hépatisation localisée, c'est-à-dire la mixtion du produit inflammatoire et de l'exsudation tuberculeuse.

Le deuxième, au contraire, par la marche isolée et indépendante du processus inflammatoire, et de l'exsudation tuberculeuse, donne naissance à la fusion du tubercule, partant à la formation d'une cavité ou vomique.

Qu'elle soit le résultat de la liquéfaction des parois d'une vésicule aérienne déjà obstruée, qu'elle dépende de l'altération d'une vésicule voisine, cette petite excavation est dans les deux hypothèses tapissée à son intérieur d'une membrane adventice, mince, jaunâtre, qui sécrète constamment, sous l'influence d'une irritation inflammatoire, une matière tuberculeuse.

A mesure que la fausse membrane originelle se liquéfie, une autre se forme à sa place et élargit ainsi progressivement la cavité; quant aux tissus adjacents, ils éprouvent des modifications notables qui se traduisent par des signes extérieurs en rapport avec la rapidité qui a présidé à la formation de la vomique.

Lorsque la maladie a une marche lente ou stationnaire, la membrane qui revêt les cavités prend d'autres caractères, indices des efforts de réparation. Elle acquiert une certaine consistance et un aspect semi-cartilagineux; sa surface est inégale et veloutée, aspect dû aux vaisseaux sanguins délicats et de nouvelle formation qui la parcourent. Les petites cavités ont une forme sphérique; peu à peu elles prennent d'autres apparences, soit par l'adjonction de nouvelles cavités, soit par le ramollissement du tissu contigu. Dans les deux hypothèses, il s'établit entre eux des canaux de communication; plus tard les extrémités des bronches, à leurs dernières divisions, viennent s'aboucher dans la solution de continuité, et en augmentent les dimensions.

Schroëder van der Kolk a observé et décrit sur leurs parois, des nerfs qui s'y répandent en minces fibriles.

Lorsqu'une portion du poumon devient imperméable à l'air, ses vaisseaux fonctionnels s'oblitèrent et sont remplacés par la circulation aortique : oblitération de l'artère pulmonaire, augmentation des artères bronchiques; tel est donc le résultat immédiat de cet état du parenchyme.

Les artères intercostales, mammaires externes et internes, reçoivent des anastomoses de nouvelle formation.

Cette circulation locale contribue beaucoup, dans certaines circonstances, à limiter l'affection, autour du produit tuberculeux il se forme une induration spéciale, puis la matière tuberculeuse est absorbée dans ses principes organiques, et il ne reste plus que les parties inorganiques ou calcaires.

Ce fait est de la plus haute importance, et il explique par lui seul les détails qui précèdent, et que l'on considérerait à tort, comme une pure digression. Ainsi la cavité, résultat de la fusion d'un ou plusieurs tubercules, peut se cicatriser partiellement ou complétement; elle peut même disparaître et se confondre avec une substance cellulo-fibreuse de nouvelle formation.

Il se passe, pour l'oblitération de la vomique, quelque chose d'analogue à ce qui a été si bien observé et décrit pour les foyers apoplectiques du cerveau.

Dans un cas comme dans l'autre, l'anatomie pathologique est venue démontrer les traces ou cicatrices formées par du tissu inodulaire; il y avait eu absorption des parties liquides, transformation des éléments solides, fermeture complète de la solution de continuité. Si la cicatrisation de la caverne est incontestable et incontestée, si les efforts de la nature peuvent amener ce résultat, la guérison de la tuberculisation est une chose possible; et le but que nous devons atteindre consiste uniquement à obtenir par l'art, ce que l'organisme doit aux seules ressources de sa réparabilité.

Nous voilà donc en présence de deux ordres de faits importants : d'une part, le tubercule peut être guéri de diverses manières et aux diverses phases de son évolution;

De l'autre, les excavations resserrées, oblitérées par simple rapprochement des parois, laissent à la place une ligne cellulo-fibreuse résultant de l'adhérence des surfaces internes.

La guérison s'obtient par un des processus suivants :

L'absorption, la séquestration, la transformation crétacée (le mode mieux établi), la transformation mélanique, l'élimination.

M. le docteur Hérard admet la possibilité de la résorption de la matière tuberculeuse en s'appuyant sur deux faits corrélatifs et, suivant lui, parfaitement démontrés.

« Dans la presque totalité des cas, les tumeurs ganglionnaires, chez les scrofuleux, sont formées de productions tuberculeuses, et souvent néanmoins ces tumeurs disparaissent sans s'ouvrir et sans suppurer. »

L'élimination suppose nécessairement le ramollissement préalable, l'inflammation ulcéreuse du poumon et la formation d'une plaie communiquant avec les bronches.

Dans cette terminaison, le travail réparateur affecte plusieurs formes distinctes, et la cicatrice peut être celluleuse, fibro-cartilagineuse, avec persistance de la cavité, avec amas de matière crétacée.

Malgré l'évidence de ces faits, il est des personnes qui, fidèles au culte du doute scientifique, trouvent moyen de les contester, parce qu'elles n'ont pas surpris la nature dans l'acte même de son travail. De ce nombre est un professeur de la Faculté de Paris.

Nous n'hésitons pas toutefois à déclarer la doctrine de M. Grisolle, erronée, et, à défaut d'autorité person-

nelle pour soutenir notre intime conviction, nous invoquerons les beaux travaux faits à la Salpêtrière, par
deux hommes non moins compétents, M. Beau et M. le
professeur Natalis Guillot.

Dans la marche de la phthisie, nous retrouvons l'ordre
et la succession des phénomènes que nous venons de
constater pour le tubercule.

Laissant de côté les divisions scolastiques de premier,
deuxième, troisième degré, nous préférons la distinction
plus générale de trois périodes :

1° Période de congestion;

2° Période d'engorgement autour des tubercules miliaires;

3° Période d'ulcération.

Que le tubercule précède l'hémoptysie, comme le
pensent la plupart des médecins, ou que l'hémoptysie
soit la cause du tubercule comme le soutient Piédagnel,
il faut, pour constituer réellement la maladie, admettre
dans la trame pulmonaire des éléments morbides capables de subir des transformations spéciales.

Les transformations s'opèrent moyennant une inflammation particulière, une phlogose lente qui se traduit
par un mouvement fébrile irrégulier, un certain amaigrissement, un état d'anémie.

Bientôt il se manifeste dans la trame pulmonaire ces
symptômes d'engorgement persistant, de nature inflam-

matoire avec épaississement du tissu, extravasation interstitielle qui constituent l'hépatisation de la pneumonie chronique.

Finalement, ces tissus, profondément modifiés dans leur structure intime, subissent les premières atteintes de la désorganisation, la mortification s'établit; avec elle, l'ulcération et la caverne.

Les phénomènes apparents qui se succèdent parallèlement à ce travail sont trop bien connus pour avoir besoin d'être énumérés.

Cette étude rapide démontre donc dans l'affection l'existence de deux éléments continuellement en présence.

L'état général des fonctions, et l'état local de la partie où s'est déposé le tubercule.

Il y a entre eux une affinité, une relation incessante; le premier agit sur le second, et réciproquement celui-ci réagit sur l'autre.

Au lit du malade, le praticien doit porter toute son attention sur la présence de ces deux éléments morbides, dont l'un réclame un traitement qui ne saurait convenir à l'autre.

1° Une disposition des organes à s'irriter, à se congestionner activement, à s'enflammer, ayant pour cause la tuberculisation.

2° Des conditions générales d'hyposthénie, d'affaiblis-

sement, de déperdition organique, causes prochaines
de la désorganisation.

Pour être efficaces, les indications thérapeutiques
doivent par conséquent avoir pour but de combattre
l'état phlegmasique toujours présent ; de ne pas accroître ou de ne pas créer dans l'organisme un état d'asthénie favorable au développement du tubercule.

Nous espérons que nos confrères, en considération de
l'importance du sujet, nous pardonneront les détails
minutieux que nous avons cru devoir rappeler ; nous
allons maintenant rentrer dans le cœur de la question
en transcrivant les opinions d'Andrieu et de Darralde
sur l'*action des Eaux-Bonnes dans la phthisie pulmonaire*.

D'après Andrieu, ce qu'il y a de beaucoup plus positif au sujet de l'influence des Eaux-Bonnes dans le traitement de la période de crudité de la phthisie tuberculeuse, c'est que leur usage fait disparaître les bronchites,
les catarrhes, les bronchorrées, l'œdème, les engorgements hypostatiques et les résidus matériels des phlegmasies qui peuvent compliquer la phthisie pulmonaire.

L'action résolutive des Eaux-Bonnes s'exerce sur les
engorgements interstitiels du tissu pulmonaire, et sur
les infiltrations plastiques déposées dans la trame cel-
lulo-vasculaire du parenchyme de ce même organe autour des granulations tuberculeuses.

Parallèlement, l'organisme est ramené à de meilleures conditions de réparation et d'assimilation, et peut lutter plus efficacement contre de nouveaux produits.

Mais alors même que le ramollissement de la matière tuberculeuse serait effectué, et que des excavations ulcéreuses seraient creusées dans la profondeur du poumon, l'expérience nous autorise à affirmer qu'il ne faudrait pas renoncer complétement à tout espoir de guérison.

Des faits bien constatés et soumis au contrôle de l'anatomie pathologique nous prouvent que, par des modes divers de cicatrisation ou d'oblitération des cavités ulcéreuses, la guérison peut être obtenue dans des cas de cavernes limitées.

Il sera encore indiqué d'administrer les Eaux-Bonnes et de les faire entrer comme élément actif et important dans l'institution d'une méthode de traitement destiné à remplir toutes les indications thérapeutiques rationnelles.

Comment Darralde formule-t-il ses indications?

Il commence par mettre hors de cause la phthisie à marche aiguë, *phthisis florida.*

Une fois qu'on s'en est rendu maître, on peut avec sécurité user des Eaux-Bonnes, à la condition d'apporter la plus grande réserve dans le dosage des eaux, pour ne pas réveiller l'état phlegmasique.

S'agit-il au contraire de ces *phthisies à marche lente*, passives, atoniques, qui reconnaissent comme point de départ une diathèse particulière aux tempéraments strumeux, diathèse le plus souvent congénitale, ou mieux héréditaire; s'agit-il encore d'une de ces phthisies fortuitement développées chez des individus que leur constitution en aurait certainement garantis, si elle n'eût été débilitée par des maladies longues, un mauvais régime, un climat insalubre, des excès de toute nature, en un mot, par l'une ou l'autre de ces causes qui appauvrissent le sang et énervent l'économie, les eaux, dans ce cas, loin d'être nuisibles, doivent être regardées comme le remède par excellence. C'est au point qu'on peut établir qu'il n'existe pas de limite à leur puissance curative. Ainsi, que la phthisie soit au premier, au second ou même au troisième degré, vous ne devez pas désespérer des eaux, du moment que l'*ensemble de l'organisme se trouve encore dans de bonnes conditions de conservation*. En effet, le dépôt tuberculeux n'est ici qu'un épiphénomène exprimant un état plus général : la preuve, c'est que vous rencontrez simultanément ce même produit morbide dans d'autres appareils encore que dans l'appareil respiratoire. Or, les Eaux-Bonnes agissent ici tout à la fois en reconstituant l'état dynamique général, et en faisant tout spécialement sentir leur action sur la poitrine, par conséquent sur les mêmes points où le mal s'est plus directement localisé.

Pour porter un pronostic avec quelque certitude, il faut consulter, avant tout, l'état général, car seul il donne la mesure exacte des ressources de l'économie. Aussi, dans beaucoup de cas prétendus désespérés, verrez-vous, sous l'influence des Eaux-Bonnes, la respiration tubaire, avec gargouillement, être successivement ramenée au craquement humide, puis au craquement sec. Cependant il n'est pas rare que la respiration conserve définitivement le caractère bronchique dans les endroits qu'occupait l'agglomération tuberculeuse. Cette persistance du souffle confirme seulement que la portion du poumon qui a été désorganisée par la maladie reste désormais indurée et moins perméable.

Il n'y a donc aucun obstacle radical à la guérison de la phthisie, fût-elle parvenue au troisième degré; seulement, la lésion locale ayant atteint, dans ce dernier cas, une gravité beaucoup plus intense, on ne saurait la prendre non plus en considération trop sérieuse.

En effet, après la diathèse, cause première de la phthisie, c'est le tubercule qui doit le plus éveiller et fixer notre attention. Il faut veiller à ce que l'action localisée des eaux ne réveille l'inflammation que dans une certaine mesure. Dès l'instant que cette mesure est atteinte, vous devez mitiger ou suspendre l'emploi des eaux, insister sur les adoucissants, et, s'il en est besoin, recourir aux révulsifs directs.

Quant au mode de travail, par lequel s'opère la résolution du tubercule, c'est là plutôt un point de doctrine que de pratique; tout ce qu'on peut dire de positif à cet égard c'est que la transformation sous forme crétacée est excessivement commune par l'usage des Eaux-Bonnes. Ainsi, vous verrez, chez des phthisiques en voie de guérison, l'expectoration se modifier de telle manière qu'ils finiront par cracher du plâtre plus ou moins liquide ou à l'état sec.

Cherchons à résumer tout ce qui précède, et arrêtons notre pensée sur la détermination des faits les plus certains et les plus aptes à nous donner une idée précise de l'action des Eaux-Bonnes.

Nous retrouvons d'abord dans la phthisie l'ordre de manifestation et de succession des phénomènes, tel que nous l'avions constaté sur l'homme sain et sur l'homme malade.

Ces eaux répondent toujours à deux indications :

D'une part, elles stimulent l'activité des fonctions nutritives, relèvent les forces, augmentent la résistance organique, modifient profondément la diathèse, favorisent l'action réactionnelle et réparatrice.

D'autre part, elles ont une influence incontestable sur

l'état catarrhal et sur la congestion pulmonaire péri-tuberculeuse qui complique l'affection.

En d'autres termes, la stimulation et l'excitation de l'eau sulfureuse de Bonnes modifient l'état diathésique qui présidait au développement du tubercule, et cette modification en arrête l'évolution.

Quant à l'action de l'eau sur la partie affectée, en favorisant le ramollissement du tubercule et en réagissant sur l'organisme dans des mesures modérées, elle se conforme à la marche du mode de résolution suivi par la nature, et elle doit à ce compte produire des résultats satisfaisants.

Ce que l'on a désigné jusqu'ici sous le nom d'action spécifique ne serait donc, pour nous, que la résultante de cette action générale sur la diathèse, et de la modification locale sur le tubercule.

Cette résultante a pour conséquences immédiates :

La diminution de l'engorgement péri-tuberculeux;

La résolution par séquestration du tubercule, sa transformation ou son élimination;

Et, pour résultats consécutifs, la guérison de la lésion pulmonaire.

L'enseignement qui se déduit encore de ces faits, c'est :

1° La nécessité de se hâter dans le traitement des premières manifestations de la maladie;

2° L'utilité de rassembler toutes les armes thérapeutiques qui sont à notre disposition.

Ce qui est vrai pour la phthisie en général, l'est à plus
forte raison pour les formes liées à une diathèse stru-
meuse, scrofuleuse ou herpétique.

Les Eaux Bonnes suscitent alors les phénomènes spéciaux inhérents aux eaux sulfureuses.

Nous n'insisterons pas sur les distinctions de l'école
allemande, de phthisie à forme *éréthique* et à forme *tor-
pide*, car d'après toutes les considérations qui précèdent, c'est principalement dans la seconde qu'il faut invoquer les ressources des eaux minérales.

Il nous reste une dernière question à examiner, question traitée par notre très-distingué confrère, le docteur
A. Latour, dans sa *Note sur la phthisie pulmonaire*.

Il établit d'abord que les eaux minérales ont une action bien plus préventive que curative dans la phthisie
(elles s'adressent surtout à l'imminence de la maladie,
ou tout au plus à ses premières et légères manifestations, sans retentissement encore grave et sérieux sur
l'organisme).

Admettant ensuite que la tradition en faveur des Eaux-
Bonnes soit légitime, dans la mesure indiquée, il se demande :

Auquel de leurs principes minéralisateurs doivent-
elles leur influence et leur action élective?

16.

Est-ce à la sulfuration ou à la chloruration?

Voici sa réponse : « Le principe soufre est tellement confondu avec le principe chlorure de sodium, qu'il est difficile de faire la part exacte de l'un et de l'autre, dans le résultat thérapeutique.

« Pour moi, les Eaux-Bonnes agissent favorablement, non parce qu'elles sont sulfureuses, mais quoique sulfureuses.

« Leur action excitante et nuisible à certaines périodes ne doit-elle pas être rapportée à leur sulfuration; et la proportion considérable de chlorure de sodium peut-elle être considérée comme indifférente ? »

Nous ne partageons pas la manière de voir de notre savant confrère; malgré l'importance que nous attribuons avec lui au chlorure de sodium (voir l'article DIÈTE LACTÉE), nous ne saurions révoquer en doute l'action spéciale du sulfure de sodium; elle ressort manifestement de toutes les études que nous venons de poursuivre dans ce chapitre.

Maintenant si les eaux de Bonnes possèdent une vertu particulière qui n'existe pas dans les autres eaux sulfureuses de la chaîne, il faut admettre, de toute nécessité, l'intervention d'autres éléments minéralisateurs; et comme le chlorure de sodium est le plus considérable, la logique nous conduit à lui attribuer une action salutaire.

Dès lors si l'observation clinique nous apprend que les sels de soude et de potasse, en général, sont doués de propriétés antiphlogistiques, pourquoi ne pas admettre cette propriété dans le chlorure de sodium? pourquoi ne pas reconnaître que la bienfaisante nature l'a répandu, en quantité notable, dans l'eau de Bonnes, à l'effet de modérer, de tempérer, d'harmoniser l'action excitante et stimulante du principe sulfureux?

Nous adoptons d'autant plus volontiers cette conception thérapeutique, qu'elle ramène notre esprit vers une pensée de reconnaissance et d'admiration.

# QUATRIÈME PARTIE

## PROMENADES ET RENSEIGNEMENTS

# CHAPITRE PREMIER

## LES PROMENADES

Dans les chapitres qui précèdent nous avons constaté d'une part :

L'influence irrécusable des distractions ;

De l'autre, l'utilité incontestable de l'exercice dans des conditions d'hygiène déterminées.

Voici comment ces dernières se trouvent formulées dans un récent ouvrage de M. Bouchardat, professeur d'hygiène à la Faculté de Paris.

« Ce n'est pas tout que de faire absorber les corps gras (éléments de calorification) dans l'appareil digestif, il est aussi important d'en surveiller et d'en activer la dépense ; le premier et le plus sûr moyen pour atteindre ce but est un exercice énergique de chaque jour.

« Réveiller la vitalité des fonctions de la peau, est une des conditions les plus indispensables de la dépense régulière des aliments de la calorification.

« L'exercice concourt efficacement au but de rappeler la chaleur à la peau. »

Pour que ces deux éléments, distractions et exercice, puissent entrer en action d'une manière satisfaisante, il faut que la contrée vous offre une série de promenades aussi variées que facilement abordables.

Il ne sera donc pas superflu d'entrer à ce sujet dans quelques détails ; afin de mettre un peu d'ordre dans cette exposition, nous allons passer successivement en revue les promenades, — les cascades, — les grottes,— les châteaux — et les excursions.

Renonçant volontiers aux descriptions brillantes et poétiques, nous nous bornerons à une énumération purement topographique : l'imagination de nos lecteurs suppléera sur les lieux à l'insuffisance et au laconisme de nos paroles.

### JARDIN ANGLAIS

La première et la plus commode de toutes, est sans contredit le jardin anglais, ce rendez-vous des causeries familières dont nous avons déjà parlé plus haut.

### PROMENADE HORIZONTALE

Entre le jardin anglais et les roches escarpées de la montagne, s'ouvre la promenade horizontale; elle s'étend, sur une longueur de 1,700 mètres, dans la direction de la vallée d'Ossau, et ses ondulations s'harmonisent avec les anses et les promontoires qui se détachent sur ce côté du Gourzy.

Cette promenade est ce que l'on doit rêver de plus agréable et de plus précieux pour les malades, qui peuvent ainsi faire sans beaucoup de fatigue une course un peu longue.

Vous apercevez devant vous la montagne verte d'où se détachent les petits clochers d'Aas et d'Assouste : à ses pieds Laruns « étale ses langoureuses coquetteries au soleil couchant, comme aux feux du Midi. »

Le torrent qui roule caché dans le fond sous une voûte de hêtres et de buis, s'y fait incessamment entendre comme pour bercer la rêverie.

Une plaque de marbre scellée dans le granit à côté des premières barraques de marchands, vous dira les noms des bienfaisants promoteurs de cette généreuse pensée; c'est en 1842 que MM. le comte de Kergorlay, Alexandre de Ville, Ad. Moreau et le comte Dulong de Rosnay, conçurent la pensée d'ouvrir un chemin horizontal pouvant offrir aux malades un exercice doux et salutaire.

M. de Livron offrit gratuitement le terrain qui lui appartenait sur tout le parcours, et à la fin de la saison 1843 ces messieurs firent à la commune d'Aas la remise de la promenade avec invitation de la conserver et de l'entretenir, *sous la condition expresse que le passage des chevaux serait interdit, ce chemin devant être à tout jamais exclusivement réservé aux promenades à pied.* Son entretien a laissé plus tard beaucoup à désirer ; mais, grâce toujours à un puissant patronage, la promenade horizontale va recevoir les réparations et les embellissements les plus désirables.

### PROMENADE GRAMONT

A l'entrée principale de l'*horizontale*, en suivant à gauche le sentier qui se dirige vers le haut du Gourzy, vous parcourez la promenade Gramont.

Les vieux hêtres étendent leurs branches séculaires au-dessus de vos têtes, formant ainsi une véritable voûte de feuillage.

La promenade a pris le nom du marquis, son noble auteur ; elle s'allonge sur une ligne parallèle à la grande rue, s'élève sur les toits des hôtels du côté opposé, et

vient aboutir au-dessus de la fontaine froide, derrière la
chapelle.

C'est en la parcourant que MM. Félicien David et Vidal
avaient réalisé la pensée artistique de greffer tous les
églantiers de la montagne ; malheureusement le succès
n'a pas couronné leurs efforts, et les roses n'ont pas
fleuri !

### PROMENADE JACQUEMINOT

Vers le milieu du trajet qui sépare ces deux points extrêmes, l'entrée de la promenade horizontale et la
chapelle, se dresse perpendiculairement le sentier que
le général Jacqueminot a fait ouvrir sur les flancs sombres et ombragés du Gourzy.

Renouvelant sans cesse ses gracieux contours, elle
vous conduit de la région des hêtres à celle des sapins :
après avoir admiré ces troncs séculaires qui s'élèvent en
superbes colonnes, vous les voyez devenir plus rares et
circonscrire de riantes pelouses au gazon fleuri ; de ces
plateaux, on embrasse vers le nord un immense ho-
rizon.

Si vous désirez arriver aux crêtes neigeuses, vous
gravissez encore, et la fatigue du corps est largement
compensée par le contentement de l'esprit, car nous
dirons avec notre touriste : « Rien de magique comme

ce tableau ! Quelle splendeur, quelle surprise, et quel machiniste que cette nature qui donne, depuis des millions d'années la représentation, toujours nouvelle de son opéra ! » (H. Nicolle.)

## PROMENADE DU KIOSQUE

Nous avons déjà mentionné ce beau mamelon calcaire qui se dresse joyeusement au midi de la cité, et que la reconnaissance a décoré du nom de butte du Trésor.

Le sentier qui ondule en spirale sous un dais de feuillage forme la promenade du kiosque; on y arrive par le vallon de Lacoume après avoir traversé le petit pont de pierre de la Soude.

A une certaine hauteur se dégage de la promenade un second sentier, qui monte obliquement sur cette colline verdoyante et vient se terminer sur une verte pelouse, le plateau de l'Espérance : le spectacle que l'on a devant soi sur ce point et sur le kiosque, est des plus ravissants.

En descendant sur les flancs opposés du mamelon, l'on parcourt un sentier non moins ombragé qui vous descend par une pente douce à la promenade de l'établissement sur la place des Invalides. Cette plate-forme va disparaître avec ses beaux tilleuls pour recevoir le promenoir couvert qui s'étendra le long du nouvel édifice.

Ce réseau de promenades, ce petit labyrinthe de sentiers, sera nécessairement modifié par les nouveaux travaux qui vont s'exécuter, heureusement que de nouvelles ouvertures remplaceront celles qui disparaissent par la force des choses !

### PROMENADE EYNARD

Dans cette direction, au delà du Valentin, nous mentionnerons la promenade Eynard, et la promenade de la montagne Verte.

La première due à la magnificence du philhellène génevois, fait le pendant de la promenade Gramont, en côtoyant le Valentin.

Il serait à désirer qu'elle ne fût pas complétement abandonnée.

### MONTAGNE VERTE

Nous avons déjà eu occasion de parler de cette montagne, descendant du nord au midi, étalant ses magnifiques nappes de gazon, et ses nombreuses maisonnettes, sortes de châlets rustiques, où les pâtres rentrent les foins et abritent les bestiaux.

Pour aborder son sommet que couronne en corniche une bordure de rochers, vous descendez la rue d

Cascade, vous traversez le Valentin sur le pont d'Aas,
et vous longez une route ondulant au milieu de petits
champs circonscrits par des haies vives et variées.

### ROUTE DE L'IMPÉRATRICE

Cette ravissante promenade due à l'intelligente initiative de Sa Majesté est sortie, comme par miracle, en
quelques jours des flancs de la montagne sous l'habile
direction de M. Onfroy de Bréville.

La première pensée de la population reconnaissante
devait être de donner, à la nouvelle annexe des routes
thermales, le nom de l'auguste souveraine, bienfaitrice
du pays.

La route ou promenade de l'Impératrice part de la
nouvelle place de l'hospice Sainte-Eugénie, se développe
dans la gorge du pic du Ger, passe derrière la butte du
Trésor, qu'elle isole complétement, et se prolonge sous
forme de promenade horizontale, le long de contre-forts
boisés sur une étendue de près de 1,700 mètres; en
passant aux sources et aux cascades d'Iscoo.

Traversant alors le Valentin sur un pont de bois très-
hardi de 25 mètres de hauteur, elle se dirige vers la
cascade du Gros-Hêtre, puis vers celle du Serpent, où
elle rejoint la nouvelle route de Cauterets.

On est naturellement saisi d'admiration en voyant cette

avenue serpenter à travers les buissons, sous des voûtes
de verdure formées par des hêtres séculaires, entre-
laçant en tous sens leurs branches couvertes de feuillage.

Ici des haies vives d'un effet merveilleux ; là des
ponts aux talus tapissés de mousse jetés sur de petits
torrents ; plus loin de grands arbres aux pieds desquels
s'épanouissent des sièges circulaires recouverts d'une
fraîche mousse. Partout enfin des sites agréables et majestueux qui attirent au loin vos regards, et vous plongent dans une bienfaisante et douce méditation !

Il n'est pas besoin de faire ressortir toute l'importance d'une pareille œuvre pour les malades qui, au
plus fort des chaleurs de l'été, trouveront dans ces lieux
les ombrages et la fraîcheur si désirables et si désirés.

Pour nous, hygiénistes, nous n'hésitons pas à considérer cette création comme le bienfait le plus réel, à l'a-
dresse de la station thermale.

Parmi les projets d'embellissements et de restaura-
tions se trouve l'ouverture d'une promenade le long du
Valentin, qui rendra abordable la belle cascade que ce
torrent présente aux Eaux-Bonnes, et que nous aurons
occasion de décrire bientôt.

Il serait à désirer qu'un pont jeté à quelque distance
permit la communication du village avec le petit bois
situé en face sur un coteau ou mamelon recouvert d'un
magnifique tapis de verdure.

L'on trouverait là pendant les jours de canicule un peu plus de fraîcheur, parce que cette exposition est plus accessible à la brise qui monte de la vallée, parce que les arbres sont plus touffus et plus ombragés.

Ce serait le digne complément de la route de l'Impératrice et du nouveau jardin anglais.

## CASCADES

Parmi les phénomènes naturels que l'on retrouve dans les montagnes, il en est peu d'aussi surprenants que ces masses d'eau qui se précipitent en bondissant de rochers en rochers, offrant aux regards étonnés une masse d'écume blanchissante, et traçant dans l'espace des lignes que l'on dirait immobiles au milieu de ce mouvement incessant.

La vue de ces chutes d'eau, ce bruit attrayant dans sa monotonie même, inspirent un sentiment de vague et d'indécision qui vous captive et vous charme.

Nous allons retrouver les principales, dans cette gorge qui touche aux Eaux-Bonnes à droite, et qui est formée sur la gauche par les pelouses de la montagne Verte.

C'est dans cet espace que le torrent impétueux, le

Valentin, se précipite du haut des sommets qui avoisinent le pic du Ger, formant dans son cours vagabond des cascades d'un ordre secondaire par la hauteur, mais belles et dignes d'intérêt par la variété de leurs aspects.

### LE VALENTIN

La première porte le nom du torrent : située à l'entrée du village, elle fait entendre son perpétuel mugissement aux paisibles habitants de la rue de la Cascade.

Un chemin que quelques réparations sans importance rendront agréable, conduit, par une pente douce à travers de faciles contours, et après une halte aux petites stations de l'avenue, dans le lit du torrent.

De là on peut considérer les divers aspects de la cascade.

Au sommet, un énorme bloc de granit, couvert de gazon et d'arbustes, arrête le flot qui, après avoir contourné l'obstacle, se divise en deux bras.

Là commence le roc incliné où se forme le phénomène : de là se précipite à une soixantaine de mètres de hauteur, le jet éblouissant qui se brise, en cristaux étincelants, au-dessus des aspérités qu'il rencontre.

L'on arrive à la seconde cascade (d'Iscoo) de deux manières; soit en remontant le sentier abrupt et sauvage qui longe le torrent; soit en suivant les ondulations

17.

d'une route que les auteurs de la promenade horizontale
avaient fait exécuter en trois jours, lors du passage à
Bonnes du duc de Montpensier; actuellement on attein-
dra le pont de pierre par la promenade de l'Impératrice.

L'ISCOO

L'Iscoo est divisé pour ainsi dire en deux parties :

Au dessus du pont vous apercevez le torrent glissant
légèrement en nappes argentées, sur les gradins de ces
roches, tantôt polies, tantôt recouvertes de mousse ;
sur ce point un ruisseau descend en murmurant sous de
petits dômes de verdure, formant des îlots pittoresques.

En traversant le pont, et en gagnant à gauche le sentier qui longe la rive opposée, vous vous trouvez en face
de la cascade.

Le torrent arrive sous un arceau de feuillage formé
par les branches vigoureuses d'un hêtre dont les racines
plongent dans l'abîme. Il descend sur un rocher perpendiculaire aux pieds duquel il se brise sur un avan-
cement droit et uni; de là, les flots écumants rebon-
dissent et se relèvent en gerbes, pour retomber en
pluie sur le tertre opposé.

### LE GROS-HÊTRE

A 5 kilomètres, toujours dans la même direction, vous apercevez en contournant de petits accidents de terrain, la cascade plus imposante du Gros-Hêtre.

Le torrent se précipite majestueux et sublime du haut d'un rocher perpendiculaire et uni, qui couronne un rebord poli par le travail des eaux; une nappe blanche et éblouissante fascine tout d'abord les regards.

Aux pieds du rocher, il se change en bouillonnements écumants, qui donnent lieu à la formation d'un nuage poudreux de pluie fine qui simule dans l'air environnant une vapeur légère.

Reprenant soudain son essor, il disparaît dans les sinuosités étroites et sombres que forment deux masses de granit taillées à pic.

Quelques arbres épars sont suspendus çà et là sur le gouffre béant.

### LE SERPENT

Avant d'arriver au Gros-Hêtre, on voit sur la gauche à une certaine distance un véritable rempart de granit : deux cordons blanchâtres se détachent au loin sur ses flancs, c'est l'élégante cascade du Serpent.

Elle est formée par un petit ruisseau qui, après avoir promené son onde pure à travers les pelouses, glisse svelte et léger sur le rocher qui semble vouloir l'arrêter.

## LARESSEC

A deux heures de marche, en suivant le chemin qui mène au col de Torte, aujourd'hui en parcourant la nouvelle route de Cauterets, vous arrivez à la plaine de Ley. Le vallon s'arrondit en un cirque encadré par un amphithéâtre de montagnes : C'est un coup d'œil grandiose, on se croirait au milieu du Colysée ou dans les belles arènes de Nîmes.

En quittant la route et en marchant devant soi jusqu'au pied de la montagne, l'on aperçoit dans un ravin la cascade de Laressec. La colonne d'eau a si peu de volume, qu'elle disparaît parfois complétement, mais les sites qui décorent ce beau paysage, compensent amplement la longueur et la fatigue de la route.

## GROTTES

En gravissant la route de Laruns aux Eaux-Bonnes, vous apercevez à gauche une jolie pelouse plantée d'ar-

bres étrangers et réunis en groupes gracieux ; une
plaque de marbre portée sur un poteau avec ces mots :
*Villa Castellane* fait naître chez vous la curiosité très-
naturelle de connaître la signification de cette inscrip-
tion.

Le premier pâtre que vous rencontrerez vous racon-
tera qu'elle n'est plus, hélas ! que l'indice de plans éva-
nouis, de rêves, de souvenirs, de regrets, d'efforts que
M. Jules de Castellane avait faits pour transporter dans
ce recoin de la vallée les merveilles de nos parcs modernes.

Si vous descendez vers le ravin, à quelques pas au-
dessus des ondes du Valentin, vous verrez la porte de la
grotte, et vous contemplerez à l'entrée, les milliers de
cristaux qui pendent à la voûte et tapissent les murs.

C'est en tombant goutte à goutte que l'eau produit
ces merveilleuses stalactites; pour être lente et mono-
tone cette œuvre n'en produit pas moins dans la durée
des siècles, les cristallisations les plus bizarres et les
plus surprenantes.

En face de la grotte, quelques blocs de pierre vous
indiquent les derniers vestiges du château d'Assouste.
Attaqué en 1569, pendant les guerres religieuses, il fut
renversé de fond en comble par le général Bonasse au
service de Catherine de Médicis, mère de Charles IX.

### GROTTE DES EAUX CHAUDES

La montagne qui forme la côte orientale de la vallée des Eaux-Chaudes dans la direction de Gabas, est constituée par des masses énormes de granit, taillées à pic comme de hauts remparts.

Le sentier qui la contourne vous conduit, après quarante minutes de marche, à l'entrée de la fameuse grotte qu'elle porte dans ses flancs.

La grotte des Eaux-Chaudes est remarquable par sa profondeur, par les curiosités qu'elle renferme, et surtout par la présence d'un torrent qui s'échappe des anfractuosités du rocher en bruyante cascade.

Lorsque l'on pénètre dans ce vaste palais souterrain, l'on se croirait transporté au milieu des catacombes de Rome, ou dans ces asiles que les premiers chrétiens bâtissaient, aux temps des persécutions, pour échapper aux regards inquisiteurs des proconsuls !

Des infiltrations séculaires y ont donné naissance à des stalactites aux formes singulières et variées.

Ce sont ici des colonnes, des chapiteaux, mille figures fantastiques et bizarres qui se détachent de la voûte; ce sont là des niches, des autels, des statues penchées sur leur élégant piédestal.

Lorsque la lumière des torches et des feux de Bengale

vient éclairer ces brillantes cristallisations, l'on est
ébloui, pour ainsi dire, par ce spectacle ravissant, qui
reporte alors votre pensée sur les contes féériques des
*Mille et une Nuits !*

La condition indispensable pour visiter ces grottes,
c'est de n'y pénétrer qu'après une halte de quelques
minutes, de se couvrir plus chaudement, et d'éviter en
sortant les brusques variations de température. La
marche à pied constitue à ce moment une excellente
précaution hygiénique.

### GROTTE D'ESPALUNGUE

Sur la route de Laruns à Louvie-Juzon, non loin du
charmant village d'Izeste, sous les gradins inférieurs de
la montagne qui l'abrite, vous apercevez l'entrée vérita-
blement grandiose de cette profonde et immense cavité.

Quelques restes d'une épaisse muraille démontrent,
jusqu'à l'évidence, que l'ouverture en avait été autrefois
barricadée.

Dans quel but, et quels mystères se sont accomplis
sous ces profondeurs?

Nous laissons à l'imagination de nos lecteurs ces dif-
ficiles recherches. Toujours est-il, que l'esprit est saisi
d'étonnement à la vue de ces voûtes d'une hauteur imposante, et que l'on éprouve involontairement un sen-

timent de satisfaction en revoyant au sortir de la grotte, une nature plus animée, une lumière plus vivifiante !"

## CHATEAUX

A ce mot de châteaux, n'allez pas vous imaginer, bien-aimés lecteurs, retrouver ici ces splendides édifices de la Bourgogne et de la Touraine, avec leur architecture moyen âge ou renaissance, leurs tourelles élégantes, leurs redoutables remparts, leurs inabordables fossés.

Ce sont partout de modestes constructions, relevées par la grandeur des souvenirs, et la renommée de leurs premiers habitants.

Nous vous avons déjà parlé du château d'Espalungue; celui de Béost adossé à l'église présente d'intéressants bas-reliefs; celui de Béon date du dix-septième siècle, et quelques pans de muraille forment seuls l'indice du château seigneurial des vicomtes de la vallée.

## EXCURSIONS

Nous groupons sous ce titre les promenades que l'on doit faire nécessairement à cheval ou en voiture.

Nous ne parlerons ni du parcours de la route de Larüns que nous avons déjà indiquée en arrivant, ni du parcours de la nouvelle route de Cauterets que nous avons mentionnée à l'article des cascades.

Bornons-nous, pour le moment, aux excursions de l'Oasis des Eaux-Chaudes et de Gabas.

## L'OASIS

En descendant la route impériale de Bonnes à Pau à l'entrée du village de Belesten, on suit à droite un sentier qui traverse la prairie, et vous conduit aux bords du gave d'Ossau. Vous trouvez là une charmante oasis, et vous parcourez avec bonheur ce mystérieux bois de frênes, dont l'ombre est impénétrable aux rayons du soleil.

Une belle pièce d'eau, au fond de laquelle vous admirez à loisir des sources jaillissantes, se joint au cours du torrent pour répandre dans l'atmosphère une agréable fraicheur.

Tout vous invite au calme et au repos, surtout après avoir consommé sur le gazon, le déjeuner que vous aurez eu soin d'apporter dans votre voiture.

## LA ROUTE DES EAUX-CHAUDES

Les Eaux-Chaudes sont le but d'une excursion aussi fréquentée qu'agréable.

Rien de plus hardi, de plus effrayant que cette route taillée sur le roc dans cette gorge effroyable du Hourat; à certains endroits, le défilé est tellement resserré qu'un enfant pourrait lancer une pierre d'un bord à l'autre : c'est avec peine que vous apercevez quelques lambeaux de la voûte céleste.

Ces deux murailles de granit sont hautes, humides et noires; sur l'une, sont suspendus, au milieu de ses aspérités, des troncs d'arbres et des racines noueuses; sur l'autre, l'on aperçoit les cicatrices encore vives de la mine.

On ne peut regarder sans un mouvement de terreur, au dessus des parapets de la route, les convulsions du Gave arrêté, tourmenté dans sa course par les blocs que la poudre a précipités au fond de l'abîme.

La vue de ces ondes écumantes, le bruit de ces chû-
tes répétées, cette lutte entre ces deux puissances de la
nature, ce contraste de la force du mouvement et de la
force de résistance, produisent un spectacle des plus
saisissants. Un pont d'une hardiesse en harmonie avec
les localités, relie au niveau de la route les deux montagnes.

Les deux arches du pont sont d'une hauteur inégale.
Les fondations des piles ont été creusées dans le lit
même du torrent.

Cet ouvrage est un chef-d'œuvre que l'on traverse en
courant jusqu'à l'endroit où le défilé s'élargit pour former une vallée; l'on revoit alors avec satisfaction, et de
la verdure et des bouquets d'arbres verdoyants.

Dans l'un des contours de la route, l'on voit se dres-
ser devant soi le pic du Midi, et l'on arrive bientôt après
à l'établissement thermal, vaste édifice, dont la base
semble se plonger dans les eaux mêmes du Gave.

Dans le petit volume que le docteur Izarié a consacré
à cette station thermale, vous lirez avec plaisir les détails relatifs au séjour de la reine de Navarre, et vous
jugerez par vous-même de la vérité de ces paroles de la
belle Fosseuse à Henri IV :

« La vie et la vue n'étaient pas joyeuses à l'égal des
Eaux-Chaudes. »

GABAS

Après avoir traversé le village, on suit la route qui se dirige sur la frontière d'Espagne.

Le trajet qui vous sépare de Gabas est d'un pittoresque vraiment sauvage : les aspects changent au fur et à mesure que l'on s'avance, mais ils conservent toujours ce cachet de grandeur qui inspire au voyageur une admiration calme et réfléchie.

Au milieu de ces sites vierges que l'homme n'a pour ainsi dire pas dérangés, vous vous sentez en face de la grande œuvre de Dieu, et vous murmurez intérieurement ces hymnes de reconnaissance et d'amour qui s'élèvent avec vos pensées vers le Créateur de toutes choses!

# CHAPITRE II

## RENSEIGNEMENTS DIVERS

Le premier conseil que nous donnerons, et celui qui en définitive peut résumer tous les autres, c'est de toujours avoir soin en arrivant dans le pays, de bien poser ses conditions et de tout arrêter d'avance.

C'est la seule manière de prévenir des contestations désagréables, et de se tenir en garde contre les prétentions exagérées.

Les habitants de Bonnes, ceux qui y résident habituellement, comme ceux qui n'y séjournent que pendant la saison, devraient se persuader que les temps des riches personnages et des milords sont passés.

Aujourd'hui, grâces aux progrès de la médication thermo-minérale, et à la facilité des communications, les stations des Pyrénées se sont démocratisées.

Le moyen le plus sûr de favoriser cet élan, et de profiter de cette source inépuisable de richesses, c'est d'être raisonnable. Telle personne est disposée à accorder de bonne grâce une rémunération méritée, qui se révoltera avec raison contre une demande exagérée.

Nous ne pouvons mieux faire que de rappeler à chacun ce conseil d'un homme qui les aimait pourtant bien : « Les habitants feront preuve de sagesse et serviront leurs intérêts en étant raisonnables ! » (M. A. Moreau.)

En 1861, les chemins de fer du Midi conduisaient à Bayonne ou à Tarbes. De cette ville, une diligence vous menait en douze heures aux Eaux-Bonnes; le même temps était nécessaire pour se rendre de Bayonne à Pau; cette dernière route était la moins fréquentée et la plus longue : le trajet le plus direct consistait à suivre le chemin de fer jusqu'à Aire, petite ville entre Mont-de-Marsan et Tarbes; on trouvait là une voiture faisant le service des dépêches, qui vous conduisait en quatre heures à Pau, où vous passiez la nuit, pour partir le lendemain matin, à huit heures, dans une autre diligence qui montait aux Eaux-Bonnes en six heures. On trouve également à Pau des voitures particulières qui vous y mènent pour vingt-cinq ou trente francs. On nous fait espérer que, dans l'année, le chemin de fer ira jusqu'à Pau, ce qui facilitera beaucoup le voyage; dès à présent, on le rend moins fatigant au moyen des voitures de louage qui conduisent d'Aire à Pau pour cinquante francs, et de Tarbes à Bonnes pour soixante-quinze à quatre-vingt francs. Par les modes de transport ordinaires, on peut aujourd'hui aller de Paris à Bonnes pour cent et quelques francs en première classe, et environ soixante francs en troisième.

Voici la liste des médecins qui viennent exercer à Bonnes pendant la saison :

Médecin inspecteur. . docteur Pidoux ;
Médecins adjoints. . . docteurs Baud et Manes;
Médecin honoraire. docteur Crouseilles ;
Médecins consultants. docteur Manes;
— — Tarras;
— — Cazenave ;
— — Briau ;
— — Leudet;
— — De Pietra Santa.

L'établissement est ouvert du 1er juin au 1er octobre.

Le prix de la boisson, pour toute la saison, est de dix francs par personne : cinq francs pour les employés, deux francs pour les hommes à la journée.

Le prix du bain est de un franc cinquante (linge compris).

Le prix du bain de pied est de vingt-cinq centimes à l'établissement, de cinquante centimes à l'hôtel.

Les séances de pulvérisation coûtent un franc par personne.

Les deux pharmacies parfaitement approvisionnées sont dirigées par :

M. Cazaux;

M. Vergez.

En cas de rhumatismes ou d'entorses, vous trouverez dans M. Pascal, rue de la Cascade, un excellent masseur capable à l'occasion de poser ventouses et sangsues!

Le lait, qui occupe une si grande part dans l'alimentation des malades, s'y trouve en abondance suffisante; on se procure du lait d'ânesse au prix de cinquante centimes le verre, et de soixante-quinze centimes à un franc si la bête ne travaille pas.

Le lait de chèvre coûte vingt-cinq centimes le verre, et celui de vache trente centimes le litre.

Les personnes qui ne peuvent marcher, soit pour les promenades, soit même pour monter à l'établissement, auront des chaises à porteur (deux francs l'heure) formées d'un fauteuil soutenu par deux brancards, et recouvert d'une capote mobile.

———

Les touristes trouveront en arrivant aux Eaux-Bonnes, hôtels et maisons meublées en grand nombre. Dans la Grand'Rue, vous avez les hôtels du Midi, Castex, Sallenave, de la Poste, de Paris, des Empereurs, des Étrangers, de France (Taverne), de Richelieu (Lahore), d'Europe (Incamps), d'Orient (Longa), des Princes (Labarthe), de la Paix;

Les maisons : Lavillette, Cazaux, Lannes, Lazare, du Gouvernement, Pommé, Bonnecaze, Tourné, Capdevielle, Laporte, Singès, Courrège, Soumabielle, l'Espagnol, Fourcade;

Dans le quartier de la Chapelle, les hôtels Fourcade, Dilharre, les maisons Lagouare et Bonnecaze;

Dans la rue de la Cascade, l'hôtel des Pyrénées, la succursale des Princes, les maisons Lanusse, Maucor, Carerette, Puyau, Cazaux, Montléon.

Le prix des chambres varie de deux à dix francs, suivant la situation de la maison ou de la chambre, mais surtout suivant la saison et l'affluence des visiteurs.

Le prix de la nourriture, à table d'hôte, varie de cinq à sept francs par jour.

Le bureau de poste (M. Castéran, directeur), situé dans l'ancienne rue des Guides, a deux arrivées de dépêches :

Le matin, courrier de Paris;

A quatre heures, courrier du Midi.

Et deux départs : le matin et le soir, à quatre heures.

Bureau du télégraphe, ouvert jusqu'à neuf heures du soir, au bas du Jardin anglais.

Cabinets littéraires :

M. Taverne aîné (hôtel de France);

M. Fischer (hôtel des Empereurs);

Salon de l'hôtel des Princes (journaux).

(Modeste somme de quatre à cinq francs pour l'abonnement.)

Chez M. Auguste Bassy, le Susse de Pau, libraire, l'éditeur d'excellentes vues des Pyrénées, sont réunies les curiosités artistiques du pays, et les œuvres sérieuses de la littérature moderne.

Deux tirs se partagent la faveur des jeunes amateurs;

Le tir Labeille (vallon de Lacoume);

Et le tir Lissonde (butte du Trésor).

---

Les souvenirs des Pyrénées présentent leurs mille sé-
ductions dans le chemin que vous parcourez chaque jour
pour aller à l'établissement. Ce sont des costumes de la
vallée, petites poupées habillées, destinées, au moins
autant, aux grandes personnes qu'aux enfants;

Des fantaisies de toilette tricotées en laine du pays;

Des objets de dévotion, médailles, chapelets, etc., de
toute espèce, spécialement en buis;

La coutellerie de Pau;

Les instruments d'optique;

Des collections de minéraux;

Des peaux d'ours, cornes d'izard, et autres à l'adresse
des chasseurs;

Des cannes de toute espèce, en buis, houx, bois d'é-
pine, ceps de vigne, etc., dont les plus simples aident
le voyageur fatigué à gravir les sentiers périlleux de la
montagne, tandis que les plus élégantes ne seraient point
déplacées dans les luxueux magasins de la capitale.

Les fabriques de Nay ont leur dépôt spécial chez Marchand, et leurs étoffes variées peuvent satisfaire à la fois, le caprice de la grande dame, et la raison sérieuse de la mère de famille.

Vous trouverez enfin, dans la boutique de madame Battault, les mille petits objets, en marbre des Pyrénées, que vous pourrez voir confectionner vous-même, à sa scierie de marbre du pont d'Aas.

---

Les excursions lointaines se font à cheval ou en voiture, sous la direction de guides éprouvés, hommes nés dans la montagne et habitués à tous ses dangers.

Esterle, Lanusse père et fils, Maucor père et fils, Titon, Cazaux, sont des noms familiers à celui qui a parcouru les environs des Eaux-Bonnes.

---

On loue des chevaux chez le Major, Montblanc, Horgues, Lanusse, Cazaux. Un cheval coûte quatre francs pour une promenade, sept francs pour une excursion. On donne cinq francs au guide qui vous accompagne (son cheval en sus). L'ascension au pic du Ger se paye vingt francs; celle au pic du Midi quarante francs.

---

Les chasses, pêches, herborisations, etc., se règlent à prix débattus.

Les ânes, qui jouent un grand rôle dans les courses d'après déjeuner, se louent en moyenne un franc par heure.

On trouve d'excellentes voitures chez Taverne aîné, Courtade, Sallenave et Maucor. On les paye en général vingt francs pour la journée, douze à quinze francs pour une simple promenade.

## JEUX OSSALAIS

Pendant la saison, une commission se forme parmi les étrangers pour organiser et diriger les jeux. Des guides en costume vont, dès la veille, devant les principaux hôtels danser au son du flageolet, offrir des petits bouquets de fleurs, et recueillir l'argent des souscriptions nécessaire aux frais de la fête.

Au jour fixé, les pasteurs se rendent à Bonnes dans leur costume national.

On commence d'ordinaire par la *course aux chevaux ou aux ânes*, simple imitation des grands hippodromes, que vient seul égayer le proverbial entêtement des coursiers à longues oreilles.

18.

La *course aux sacs* est plus originale. Les jambes emprisonnées dans un sac soigneusement serré autour du corps, les rivaux placés sur une même ligne partent à un signal donné, et s'avancent à petits sauts vers le but; le plus grand nombre ne peut l'atteindre, et les maladroits tombent lourdement au bruit des éclats de rire.

La *course au drapeau* consiste à escalader à travers champs la montagne Verte, où le plus leste s'empare du drapeau planté sur le sommet. Esterle a fait cette ascension en dix-sept minutes.

Pour la *course aux œufs*, on dispose deux rangées d'œufs placés à terre à un mètre de distance l'un de l'autre. Les joueurs sont divisés en deux camps; tandis que l un des partis doit aller à Aas et en revenir, l'autre doit ramasser les œufs et les mettre un à un dans un panier placé à une petite distance. La victoire appartient à celui qui a le premier terminé sa tâche.

Le *jeu du baquet* offre un coup d'œil plus animé. Un baquet plein d'eau est suspendu à deux poteaux. Au bas se trouve une planche percée d'un petit trou. Les jouteurs se placent dans une petite charrette attelée d'un cheval qui passe au trot entre les poteaux. Ils ont à la main une perche qu'ils doivent, en passant, faire pénétrer dans le trou; s'ils le manquent, le baquet heurté fortement se renverse sur l'infortuné qui se retire inondé au milieu d'une hilarité générale.

Pour le *jeu du Chevalet*, deux branches de bois posées verticalement sur le sol portent horizontalement une poutre polie, retenue à ses deux extrémités par un pivot, pouvant tourner sur elle-même au moindre mouvement. C'est sur le dos de ce cheval perfide que chaque paysan s'avance à l'aide des genoux et des mains, afin de saisir avec sa bouche la petite pièce blanche qui, placée à la tête de la machine, forme le prix du vainqueur.

Les *jeux des bouteilles, de la crème, de la poêle*, partent tous du même principe. Pour le dernier, par exemple, il faut toucher avec la langue et, les yeux bandés, sans se barbouiller le visage, la poêle noircie d'avance.

La *course aux cruches* a un caractère tout particulier; ce prix n'est disputé que par des femmes. Elles remplacent le capulet montagnard par un petit coussin sur lequel repose une cruche pleine d'eau; celle-ci doit rester en équilibre pendant qu'elles se précipitent vers le but.

Le prix appartient à celle qui arrive la première sans avoir renversé une goutte d'eau; mais, le plus souvent, plus d'une cruche vient se briser en morceaux, inondant et acteurs et spectateurs.

Les danses et les libations forment le complément indispensable d'une fête bien organisée.

FIN

# TABLE DES MATIÈRES

---